Lecture Notes in Mathematics

Edited by A. Dold and B. Eckmann

797

Sirpa Mäki

The Determination of
Units in
Real Cyclic Sextic Fields

Springer-Verlag
Berlin Heidelberg New York 1980

Author
Sirpa Mäki
Department of Mathematics
University of Turku
20500 Turku 50
Finland

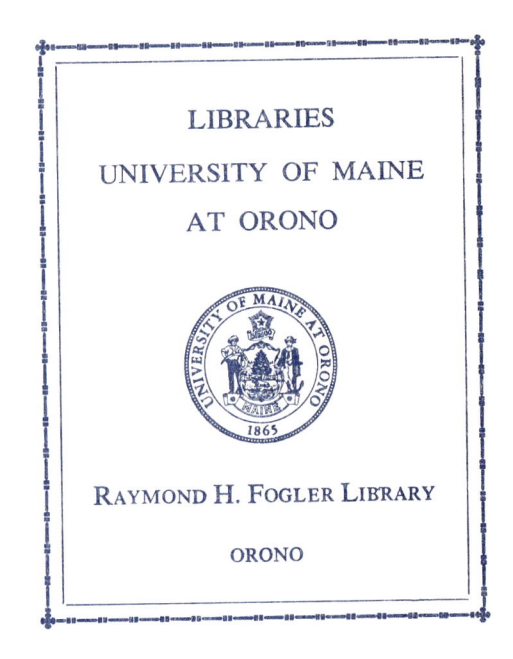

AMS Subject Classifications (1980): 12-04, 12A35, 12A45, 12A50

ISBN 3-540-09984-0 Springer-Verlag Berlin Heidelberg New York
ISBN 0-387-09984-0 Springer-Verlag New York Heidelberg Berlin

This work is subject to copyright. All rights are reserved, whether the whole or part of the material is concerned, specifically those of translation, reprinting, re-use of illustrations, broadcasting, reproduction by photocopying machine or similar means, and storage in data banks. Under § 54 of the German Copyright Law where copies are made for other than private use, a fee is payable to the publisher, the amount of the fee to be determined by agreement with the publisher.

© by Springer-Verlag Berlin Heidelberg 1980
Printed in Germany

Printing and binding: Beltz Offsetdruck, Hemsbach/Bergstr.
2141/3140-543210

Contents

1. Introduction 1
2. Real cyclic cubic fields 6
3. Real cyclic sextic fields 12
4. The function $\mathcal{M}$ and the structure of U_R 23
5. Bergström's product formula 32
6. Bergström's product formula in the case of real cyclic sextic fields 37
7. Formulas for computing ξ_A 52
8. The class number of K_6 58
9. The signature rank of U_6 60
10. The computer program 62
11. Numerical results 68
    References 194
    Terminology and notation 196

1. Introduction

In the preface to his monograph [14] Hasse expresses a wish to describe the structure of absolutely Abelian number fields in such a way that one could move in them as freely as in quadratic fields and he stresses the vital importance of numerical tables and examples for the carrying out of this programme. Such a table should at least contain the most important numerical characteristics of each field, i.e. a system of fundamental units and the class number. It is well known that in the absolutely Abelian case the latter is closely connected with the former. Tables of this kind had earlier been computed for real quadratic fields by Ince [16], and for real cyclic cubic and quartic fields by Hasse [13]. More recently, with the aid of a computer, further calculations have been made by Cohn and Gorn [5] and M.N. Gras [9] in the cubic case and by M.N. Gras [10], [11] in the quartic case.

In spite of the existence of rather clear-cut and far developed underlying general principles (Hasse [13], [14], Leopoldt [18], [19], G. and M.N. Gras [7]), the actual computation involves many theoretical and practical problems for each particular field type. Because of their rapidly increasing complexity, it will probably not be possible to treat fields of a considerably high degree. In the present work, which may be regarded as a continuation of the works of M.N. Gras, we shall deal with real cyclic fields of degree six. There are five fundamental units, of which three are known, i.e. those belonging to the proper subfields. To determine the missing two units we start off from the so-called cyclotomic (or circular) unit which is calculable from a definite expression. This unit, together with its conjugates, and the units of the proper subfields generate a subgroup of finite index in the whole unit group, and it is in principle relatively easy to obtain the whole group from this subgroup. The real cyclic sextic case is thus sufficiently simple to enable one to compute large tables, but on the other hand the existence of subfields of different types hopefully renders it sufficiently complex for it to possess several features appearing in the general case.

A real cyclic sextic field K_6 has unique proper subfields of degree 2 and 3 denoted by K_2 and K_3. In Section 2 we gather together some basic results about the cubic subfield K_3 which are needed in the sequel. Later on an important role is played by the formula (15), due essentially to Hasse [13, p. 15], which leads to useful estimates. Section 3 first contains some generalities concerning the field K_6. For example, we give a necessary condition for a number of K_6 to be an algebraic integer. Further we prove some results (Theorems 2 and 3) to the effect that under certain conditions a unit of K_6 cannot be a power in K_6 nontrivially. The bulk of Section 3 is devoted to the study of the structure of the unit group U_6 of the field K_6. The group U_6 has the unit groups U_2 and U_3 of the subfields K_2 and K_3 as subgroups. U_2 is generated by -1 and the fundamental unit μ, and U_3 is generated by -1, a fundamental unit τ and one of its conjugates τ'. An element of U_6 is called a relative unit if its relative norms to the subfields K_2 and K_3 are both ±1. The relative units of K_6 form a subgroup U_R of U_6. In the classic way we define ξ to be the number λ in [14, p. 21] and let η denote the cyclotomic unit of K_6. We take ξ_A to be ξ or η according as $\xi \in K_6$ or $\xi \notin K_6$. It is seen that ξ_A is a unit of K_6. We show that the subgroup U_6^* of U_6 generated by $U_2 U_3 U_R$ and the conjugates of ξ_A is of index 12 at most. Therefore to obtain U_6 from U_6^* it is enough to decide the existence or nonexistence of certain supplementary units, denoted by ξ_B and ξ_C, satisfying given equations. At the end of Section 3 we give a simple proof for the fact that the system $\{\mu,\tau,\tau'\}$ can be completed to a system of fundamental units of K_6.

The question of determining U_6 is thus essentially reduced to questions about U_R, and in Section 4 we shall be concerned with the structure of U_R. In the actual computation the most important practical problem is the question whether a given element of U_R is a nontrivial power in U_R or not. In solving this a very useful tool is the mean square modulus function $\mathcal{M}$, defined in (50). Its properties have been elegantly exploited by Leopoldt [19], Cassels [3], and Loxton [21]. The formula (15), mentioned above, enables one to find a very efficient lower bound for the function $\mathcal{M}$ in $U_R \smallsetminus \{\pm 1\}$ (Theorem 10). This gives us the good upper estimate K_{max}, defined in (73), for the possible exponent. We shall further derive some useful monotonicity results concerning the function $\mathcal{M}$ in $U_R \smallsetminus \{\pm 1\}$. Define ξ_R so that $\mathcal{M}(\xi_R)$ is the least value of $\mathcal{M}$ in $U_R \smallsetminus \{\pm 1\}$. We give a proof of a result of Leopoldt [19] to the effect that ξ_R is a generating relative unit, i.e. ξ_R together with its conjugates and -1 generates U_R.

At the end of Section 4 we introduce a candidate ξ_o for a generating relative unit. The relative unit ξ_o is formed from ξ_A in a natural way. Using the upper bound K_{max} and the monotonicity properties of the function $\mathcal{M}$ one can find out whether or not ξ_o is a generating relative unit, and determine ξ_R.

In Bergström's product formula the number ξ is represented by means of Gaussian sums. Section 5 is somewhat expanded from Hasse's work [13] concerning this formula. In Section 6 real cyclic sextic fields are divided into ten classes. The first class consists of those fields K_6 having a decomposable conductor f_6 in the terminology of Hasse [13] (in German zerlegbar). By this we mean that a generating character of K_6 is decomposable into a product of two nonprincipal even characters having relatively prime conductors. We have $\xi \in K_6$ if and only if f_6 is decomposable. On p.51 we give a set of conditions each one of which is equivalent to the decomposability of f_6. The fields for which f_6 is not decomposable are further divided into nine classes depending on the prime factorizations of the conductors of K_2 and K_3. Bergström's product formula is then developed in each of these ten cases separately. Section 7 contains formulas for computing η from Bergström's product formula, and a number of other useful formulas.

In Section 8 we show that the class number h_6 of K_6 is of the form $h_6 = h_2 h_3 h_R$ where h_2 and h_3 are the class numbers of K_2 and K_3, and h_R is a natural number called the relative class number of K_6. We also give a formula expressing h_R as a group-index.

The signature rank Sr of U_6 is defined as the dimension of the image of the natural signature homomorphism from U_6 into the additive group of a vector space of dimension six over GF(2). Section 9 contains results needed in the practical computation of Sr. E.g., we prove that the difference between Sr and the signature rank of the subgroup $U_2 U_3$ is always 2 or 0, and we show how Sr can be determined without computing any signatures if τ is not totally positive.

In Section 10 we give a rather exhaustive technical description of our computer program. Our choice of τ among its conjugates is explained on p. 64.

We have investigated all real cyclic sextic fields K_6 with conductor $f_6 \leq 2021$, and obtained a complete numerical result in each case with 12 exceptions. The reason for the latter failure is absence of information concerning K_3 or the appearance of too large numbers which we have been unable to handle. The smallest value of f_6 for these exceptions is 997. We have discovered altogether 130 fields with $h_R > 1$, the largest observed value of h_R being 16.

In the bibliography only those works are listed which are of relevance to our particular study. Extensive bibliographies concerning related topics will be found, for example, in Masley [22], Shanks [24], and Zimmer [28].

In the list of terminology and notations we have tried to put together all the most important symbols and notions used in this work. As regards any unexplained notation appearing in the text, one should consult this list.

This work has been supported financially by the Academy of Finland.

2. Real cyclic cubic fields

Let K_3 be a real cyclic cubic field. Its conductor f_3 is of the form

(1) $$f_3 = \begin{cases} p_0 p_1 \cdots p_n & \text{if } 3 \nmid f_3 \\ 9 p_1 \cdots p_n & \text{if } 3 \mid f_3 \end{cases}$$

where p_i is a prime $\equiv 1 \bmod 3$ ($i = 0, 1, \ldots, n$) and $p_i \neq p_j$ ($i \neq j$) [13, p.10]. There exist uniquely determined rational integers a and b such that

(2) $$f_3 = (a^2 + 3b^2)/4,$$

(3) $$\begin{cases} a \equiv 2, \ b \equiv 0 \bmod 3 \text{ and } b > 0 \text{ if } 3 \nmid f_3 \\ a = 3a_0, \ b = 3b_0 \\ a_0 \equiv 2, \ b_0 \not\equiv 0 \bmod 3 \text{ and } b_0 > 0 \text{ if } 3 \mid f_3. \end{cases}$$

Put

$$\phi = (a + b\sqrt{-3})/2.$$

There is a one-to-one correspondence between such pairs a,b and real cyclic cubic fields having conductor f_3. (Note that in [8],[9] M.N. Gras uses the notation where $f_3 = (a^2 + 27b^2)/4$, $b > 0$, $a \equiv 1 \bmod 3$ if $3 \nmid f_3$ and $a = 3a'$, $a' \equiv 1 \bmod 3$ if $3 \mid f_3$. In this paper we use the notation of Hasse [13].)

The discriminant of K_3 is

(4) $$d_3 = f_3^2$$

[13. p. 13].

Put

(5) $$\theta = (-1)^n \sum_{x}{}' \zeta_{f_3}^{x}$$

where $\sum_{x}{}'$ denotes a summation over all $x \bmod f_3$ such that $\chi(x) = 1$ for a generating character χ of K_3, and $\zeta_{f_3} = e^{2\pi i/f_3}$. Then $K_3 = \mathbb{Q}(\theta)$. Let $u \in \mathbb{Z}$ be such that g.c.d.$(f_3,u) = 1$ and $\chi(u) \neq 1$. Then the other conjugates of θ are

$$(-1)^n \sum_{x}{}' \zeta_{f_3}^{ux}, \quad (-1)^n \sum_{x}{}' \zeta_{f_3}^{u^2 x}.$$

We denote one of these by θ' and the other by θ''. We shall fix the notation later. The numbers $\theta, \theta', \theta''$ are algebraic integers in K_3. In the following we shall derive the minimal polynomial of θ and we shall give the formulas for θ' and θ'' in terms of θ.

<u>Case 1. $3 \nmid f_3$.</u> In this case

$$\theta + \theta' + \theta'' = (-1)^n \sum_{\substack{x=1 \\ (x,f_3)=1}}^{f_3} \zeta_{f_3}^{x} = -1.$$

The character $\chi(x) = \left(\dfrac{x}{\phi}\right)_3$ is a generating character of K_3 [13, p. 12]. (Cf. p. 37 where χ is denoted by χ_3'.) Put $\rho = (-1 + \sqrt{-3})/2$. The Gaussian sum $\tau(\chi)$ for the character χ is

$$\tau(\chi) = \sum_{\substack{x=1 \\ (x,f_3)=1}}^{f_3} \chi(x) \zeta_{f_3}^{x}.$$

Hence either $\tau(\chi) = (-1)^n(\theta + \rho\theta' + \rho^2\theta'')$ or $\tau(\chi) = (-1)^n(\theta + \rho^2\theta' + \rho\theta'')$ so that

$$f_3 = \tau(\chi)\overline{\tau(\chi)} = (\theta + \theta' + \theta'')^2 - 3(\theta\theta' + \theta'\theta'' + \theta''\theta)$$
$$= 1 - 3(\theta\theta' + \theta'\theta'' + \theta''\theta).$$

Thus $\theta\theta' + \theta'\theta'' + \theta''\theta = (1 - f_3)/3$. Since

$$\tau(\chi)^3 = (-1)^{n+1} f_3 \frac{a + b\sqrt{-3}}{2}$$

[13, p. 13], we have for $k = 1$ or 2

$$-f_3 \frac{a + b\sqrt{-3}}{2} = (\theta + \theta' + \theta'')^3 + 3(\rho^k - 1)(\theta^2\theta' + \theta'^2\theta'' + \theta''^2\theta)$$
$$+ 3(\rho^{2k} - 1)(\theta\theta'^2 + \theta'\theta''^2 + \theta''\theta^2).$$

Taking real parts we obtain

$$\frac{f_3 a - 2}{9} = \theta^2\theta' + \theta'^2\theta'' + \theta''^2\theta + \theta\theta'^2 + \theta'\theta''^2 + \theta''\theta^2$$

from which it follows that

$$\theta\theta'\theta'' = \frac{1}{3}\{(\theta + \theta' + \theta'')(\theta\theta' + \theta'\theta'' + \theta''\theta)$$
$$- (\theta^2\theta' + \theta'^2\theta'' + \theta''^2\theta + \theta\theta'^2 + \theta'\theta''^2 + \theta''\theta^2)\}$$
$$= \frac{f_3(3 - a) - 1}{27}.$$

Hence the minimal polynomial of θ is

(6) $$\text{Irr}(\theta, \mathbb{Q}) = x^3 + x^2 + \frac{1 - f_3}{3} x + \frac{f_3(a - 3) + 1}{27}.$$

The other conjugates of θ are

(7) $$\theta' = \frac{-4f_3 + a + 2}{6b} - \frac{1}{2} + (\frac{a + 4}{2b} - \frac{1}{2})\theta + \frac{3}{b} \theta^2,$$

(8) $$\theta'' = \frac{4f_3 - a - 2}{6b} - \frac{1}{2} + (\frac{-a - 4}{2b} - \frac{1}{2})\theta - \frac{3}{b} \theta^2$$

[4, p. 121].

Case 2. $3 | f_3$. In this case $\theta + \theta' + \theta'' = 0$. Define $\alpha = \pm 1$ by $\phi \equiv 3\rho^\alpha \mod 9$. Then $\chi(x) = \left(\frac{\rho}{x}\right)_3^\alpha \left(\frac{x}{\phi}\right)_3$ is a generating character of K_3. (Cf. p. 37 where χ is denoted by χ'_3. We define formally $\left(\frac{x}{3\rho^\alpha}\right)_3 = \left(\frac{x}{3}\right)_3$ = 1 for all x such that $3 \nmid x$.) As in Case 1 we obtain $\theta\theta' + \theta'\theta'' + \theta''\theta = -f_3/3$. From the equation

$$\tau(\chi)^3 = (-1)^n f_3 \frac{a + b\sqrt{-3}}{2}$$

[13, p. 13] it follows as in Case 1 that $\theta\theta'\theta'' = f_3 a/27$. Hence the minimal polynomial of θ is

(9) $$\operatorname{Irr}(\theta,\mathbb{Q}) = x^3 - \frac{f_3}{3} x - \frac{f_3 a}{27}.$$

The other conjugates of θ are

(10) $$\theta' = -\frac{2f_3}{3b} + \left(-\frac{a}{2b} - \frac{1}{2}\right)\theta + \frac{3}{b}\theta^2,$$

(11) $$\theta'' = \frac{2f_3}{3b} + \left(\frac{a}{2b} - \frac{1}{2}\right)\theta - \frac{3}{b}\theta^2$$

[4, p. 121].

In both cases we fix the conjugates θ', θ'' so that θ' is always that conjugate in which θ^2 has the coefficient $\frac{3}{b}$ and correspondingly θ'' is that conjugate in which the coefficient of θ^2 is $-\frac{3}{b}$. Let an integer u be such that

$$\theta' = (-1)^n \sum_x {}' \zeta_{f_3}^{ux}.$$

Let χ_3 denote that generating character of K_3 for which $\chi_3(u) = \rho$.

In both cases $\{1,\theta,\theta'\}$ is an integral basis of K_3, because

(12) $$\begin{vmatrix} 1 & \theta & \theta' \\ 1 & \theta' & \theta'' \\ 1 & \theta'' & \theta \end{vmatrix} = -(\theta + \theta' + \theta'')^2 + 3(\theta\theta' + \theta'\theta'' + \theta''\theta) = -f_3.$$

Later in this paper we shall need formulas from which we obtain the coordinates of the product of two elements of K_3. Let

$$\alpha = x_0 + x_1 \theta + x_2 \theta',$$

$$\beta = y_0 + y_1 \theta + y_2 \theta'.$$

<u>Case 1</u>. $3 \nmid f_3$. From (6), (7) and (8) we obtain

$$\theta^2 = \frac{4f_3 - a + 3b - 2}{18} + \frac{-a + b - 4}{6}\theta + \frac{b}{3}\theta',$$

$$\theta\theta' = \frac{-f_3 + a - 1}{9} + \frac{a + b - 2}{6}\theta + \frac{a - b - 2}{6}\theta',$$

$$\theta'^2 = \frac{4f_3 - a - 3b - 2}{18} - \frac{b}{3}\theta - \frac{a + b + 4}{6}\theta'.$$

By means of these equations we obtain

(13) $\alpha\beta = x_0 y_0 + \dfrac{4f_3 - a + 3b - 2}{18} x_1 y_1 + \dfrac{-f_3 + a - 1}{9}(x_1 y_2 + x_2 y_1)$

$\quad + \dfrac{4f_3 - a - 3b - 2}{18} x_2 y_2$

$\quad + \{x_0 y_1 + x_1 y_0 + \dfrac{-a + b - 4}{6} x_1 y_1 + \dfrac{a + b - 2}{6}(x_1 y_2 + x_2 y_1)$

$\quad - \dfrac{b}{3} x_2 y_2 \}\theta$

$\quad + \{x_0 y_2 + \dfrac{b}{3} x_1 y_1 + \dfrac{a - b - 2}{6}(x_1 y_2 + x_2 y_1) + x_2 y_0$

$\quad - \dfrac{a + b + 4}{6} x_2 y_2 \}\theta'.$

Case 2. $3 \mid f_3$. From (9), (10) and (11), we have

$$\theta^2 = \frac{2f_3}{9} + \frac{a + b}{6}\theta + \frac{b}{3}\theta',$$

$$\theta\theta' = -\frac{f_3}{9} - \frac{a - b}{6}\theta - \frac{a + b}{6}\theta',$$

$$\theta'^2 = \frac{2f_3}{9} - \frac{b}{3}\theta + \frac{a - b}{6}\theta',$$

from which we obtain

(14) $\alpha\beta = x_0 y_0 + \dfrac{2f_3}{9} x_1 y_1 - \dfrac{f_3}{9}(x_1 y_2 + x_2 y_1) + \dfrac{2f_3}{9} x_2 y_2$

$\quad + \{x_0 y_1 + x_1 y_0 + \dfrac{a + b}{6} x_1 y_1 - \dfrac{a - b}{6}(x_1 y_2 + x_2 y_1) - \dfrac{b}{3} x_2 y_2 \}\theta$

$\quad + \{x_0 y_2 + \dfrac{b}{3} x_1 y_1 - \dfrac{a + b}{6}(x_1 y_2 + x_2 y_1) + x_2 y_0 + \dfrac{a - b}{6} x_2 y_2 \}\theta'.$

We shall also need $S_{3/1}(\alpha^2)$ i.e. the trace of α^2 from K_3 to $\mathbb{Q}$. Now

$S_{3/1}(\alpha^2) = 3x_0^2 + (x_1^2 + x_2^2) S_{3/1}(\theta^2)$

$\qquad\qquad + 2(x_0 x_1 + x_0 x_2) S_{3/1}(\theta) + 2 x_1 x_2 S_{3/1}(\theta\theta').$

In the case $3 \nmid f_3$ we have from p. 7 that $S_{3/1}(\theta) = -1$, $S_{3/1}(\theta\theta') = (1 - f_3)/3$ and $S_{3/1}(\theta^2) = (S_{3/1}(\theta))^2 - 2S_{3/1}(\theta\theta') = (2f_3 + 1)/3$. So

$$S_{3/1}(\alpha^2) = \tfrac{1}{3}(3x_0 - x_1 - x_2)^2 + \tfrac{2f_3}{3}(x_1^2 + x_2^2 - x_1 x_2).$$

In the case $3 | f_3$ we have from p. 8 that $S_{3/1}(\theta) = 0$, $S_{3/1}(\theta\theta') = -f_3/3$ and $S_{3/1}(\theta^2) = 2f_3/3$. Hence

$$S_{3/1}(\alpha^2) = 3x_0^2 + \tfrac{2f_3}{3}(x_1^2 + x_2^2 - x_1 x_2).$$

Thus in both cases

(15) $$S_{3/1}(\alpha^2) = \tfrac{1}{3} S_{3/1}(\alpha)^2 + \tfrac{2f_3}{3}(x_1^2 + x_2^2 - x_1 x_2).$$

According to Hasse [13, p. 20] there exists in K_3 a unit τ such that τ together with one of its conjugates generates the group of units $\varepsilon \in K_3$ each having norm $N_{3/1}(\varepsilon) = 1$. The fundamental unit τ can be found by taking such a unit $\varepsilon \in K_3 \setminus \{1\}$ with $N_{3/1}(\varepsilon) = 1$ for which $S_{3/1}(\varepsilon^2)$ is the least possible. The fundamental unit τ is uniquely determined except for taking conjugates and inverses. If $\tau_1 \neq \tau$ is any conjugate of τ, then the group U_3 of units of K_3 is generated by -1, τ, τ_1.

3. Real cyclic sextic fields

Let G be the Galois group of a real cyclic sextic field K_6. G has exactly two nontrivial subgroups, namely those of order 2 and 3. Thus the field K_6 has exactly two nontrivial subfields: a real cyclic cubic field K_3 and a real quadratic field K_2. We have $K_3 = \mathbb{Q}(\theta)$ where θ is the number defined in (5), and $K_2 = \mathbb{Q}(\sqrt{m})$ where $m > 1$ is a square-free integer. Hence $K_6 = \mathbb{Q}(\theta, \sqrt{m})$.

Let an odd integer s be such that the automorphism σ of K_6 induced by the mapping $\zeta_{f_6} \mapsto \zeta_{f_6}^s$, where f_6 is the conductor of K_6, satisfies the conditions

$$\sigma(\theta) = \theta', \quad \sigma(\theta') = \theta'', \quad \sigma(\sqrt{m}) = -\sqrt{m}$$

using the notation introduced on p. 9. Let Φ_{f_6} be the multiplicative group of prime residue classes mod f_6, and let H be the subgroup of Φ_{f_6} consisting of those elements $x + f_6 \mathbb{Z}$ for which the automorphisms $\zeta_{f_6} \mapsto \zeta_{f_6}^x$ of the field $\mathbb{Q}(\zeta_{f_6})$ keep K_6 elementwise fixed. Then $\Phi_{f_6}/H = \{H, sH, \ldots, s^5 H\}$. We denote the conjugates of a number γ in K_6 in the following way:

(16)
$$\begin{cases} \gamma' = \sigma(\gamma), \quad \gamma'' = \sigma^2(\gamma), \quad \gamma''' = \sigma^3(\gamma), \\ \gamma^{iv} = \sigma^4(\gamma), \quad \gamma^v = \sigma^5(\gamma). \end{cases}$$

Sometimes we also use the notation

(17)
$$\gamma^{(i)} = \sigma^i(\gamma) \quad (i \in \mathbb{Z}).$$

If K_6 is a subfield of a cyclotomic field $\mathbb{Q}(\zeta_k)$ then also $\mathbb{Q}(\zeta_{f_2})$

and $\mathbb{Q}(\zeta_{f_3})$ are contained in $\mathbb{Q}(\zeta_k)$. Hence

(18) $$f_6 = \text{l.c.m.}(f_2, f_3).$$

The conductor f_2 of $\mathbb{Q}(\sqrt{m})$ is

$$f_2 = \begin{cases} 4m & \text{when } m \equiv 2,3 \bmod 4 \\ m & \text{when } m \equiv 1 \bmod 4. \end{cases}$$

The conductor f_3 of $\mathbb{Q}(\theta)$ we recall from (1).

The characters of K_6 are the principal character χ_1, the quadratic character χ_2 of K_2, the generating characters χ_3 and $\bar{\chi}_3$ of K_3 and the generating characters $\chi_6 = \chi_2\chi_3$ and $\bar{\chi}_6 = \chi_2\bar{\chi}_3$ of K_6. The conductor of the character χ_n and $\bar{\chi}_n$ is f_n.

The discriminant d_6 of the field K_6 is

(19) $$d_6 = f_6^2 f_3^2 f_2$$

[14, p. 8].

Let $\mathcal{O}_n$ denote the ring of integers of K_n. The next theorem gives a necessary condition for a number $\gamma \in K_6$ to belong to $\mathcal{O}_6$.

<u>Theorem 1.</u> If $\gamma \in \mathcal{O}_6$ then γ is of the form

(20) $$\gamma = \tfrac{1}{2}(x_0 + x_1\theta + x_2\theta') + \tfrac{1}{2f_*}(y_0 + y_1\theta + y_2\theta')\sqrt{m}$$

where $f_* = \text{g.c.d.}(f_2, f_3)$ and $\tfrac{1}{2}x_i + \tfrac{1}{2}y_i\sqrt{m} \in \mathcal{O}_2$ $(i = 0,1,2)$.

<u>Proof.</u> Let $\gamma = a_0 + a_1\theta + a_2\theta' + (b_0 + b_1\theta + b_2\theta')\sqrt{m}$, where $a_i, b_i \in \mathbb{Q}$ $(i = 0,1,2)$, be a number of $\mathcal{O}_6$. Then $\gamma + \gamma''' = 2(a_0 + a_1\theta + a_2\theta')$ belongs to $\mathcal{O}_3$. We recall from p. 9 that $\{1, \theta, \theta'\}$ is an integral basis of K_3. So $a_i = x_i/2$ where $x_i \in \mathbb{Z}$ $(i = 0,1,2)$. Also $\sqrt{m}(\gamma - \gamma''') = 2m(b_0 + b_1\theta + b_2\theta')$ is an algebraic integer. Hence $b_i = z_i/(2m)$ where $z_i \in \mathbb{Z}$ $(i = 0,1,2)$. Put $\lambda_i = \tfrac{1}{2}x_i + \tfrac{1}{2m}z_i\sqrt{m}$. Now we have

$$\begin{cases} \gamma = \lambda_0 + \lambda_1\theta + \lambda_2\theta' \\ \gamma^{iv} = \lambda_0 + \lambda_1\theta' + \lambda_2\theta'' \\ \gamma'' = \lambda_0 + \lambda_1\theta'' + \lambda_2\theta. \end{cases}$$

The determinant of this system of linear equations is $-f_3$ by (12). Thus the numbers $f_3\lambda_i$ ($i = 0,1,2$) are algebraic integers. Since $f_3\lambda_i \in \mathcal{O}_2$ ($i = 0,1,2$), the numbers $f_3 z_i/m$ ($i = 0,1,2$) are rational integers. Since f_3 is odd, $(m,f_3) = (f_2,f_3) = f_*$. Thus $z_i/m = y_i/f_*$ where $y_i \in \mathbb{Z}$ ($i = 0,1,2$). Also the numbers $\frac{1}{2}x_i + \frac{1}{2}y_i\sqrt{m} \in \mathcal{O}_2$, because f_3 is odd and $f_3\lambda_i$ is integral. □

According to Dirichlet's theorem on units in K_6 there are 5 fundamental units, which together with -1 generate the multiplicative group U_6 of units of K_6. The groups U_3 and U_2 of units of K_3 and K_2 respectively are subgroups of U_6. Let μ denote the fundamental unit of K_2. The group U_2 is generated by -1 and μ. The group U_3 is generated by -1, the fundamental unit τ and $\tau' = \sigma(\tau)$.

Units ε of K_6 for which $N_{6/3}(\varepsilon) = \pm 1$ and $N_{6/2}(\varepsilon) = \pm 1$ are called relative units. Let U_R denote the group of such units, i.e.

(21) $$U_R = \{\varepsilon \in U_6 \mid N_{6/3}(\varepsilon) = \pm 1, N_{6/2}(\varepsilon) = \pm 1\}.$$

If $\varepsilon \in U_R$, then $N_{6/1}(\varepsilon) = N_{2/1}(N_{6/2}(\varepsilon)) = N_{2/1}(\pm 1) = 1$. On the other hand $N_{6/1}(\varepsilon) = N_{3/1}(N_{6/3}(\varepsilon)) = (N_{6/3}(\varepsilon))^3$ so that for $\varepsilon \in U_R$

(22) $$N_{6/3}(\varepsilon) = 1.$$

Using the notation (17) we obtain from (22) the equation

(23) $$N_{6/3}(\varepsilon^{(i)}) = \varepsilon^{(i)}\varepsilon^{(i+3)} = 1$$

for all integers i. From (21) we also have

(24) $$N_{6/2}(\varepsilon^{(i)}) = \varepsilon^{(i)}\varepsilon^{(i+2)}\varepsilon^{(i+4)} = \pm 1.$$

From the equations (23) and (24) we obtain a useful formula

(25) $$\varepsilon^{(i+1)} = \pm \varepsilon^{(i)} \varepsilon^{(i+2)}.$$

Using (25) one can express each conjugate $\varepsilon^{(i)}$ in terms of ε, ε' if $\varepsilon \in U_R$. The same holds for any $\varepsilon \in U_6$ modulo the subgroup $U_2 U_3$. These expressions are often needed in the sequel. In Section 4 we shall prove that in K_6 there exists a generating relative unit ξ_R such that

(26) $$U_R = \{\pm \xi_R^k \xi_R'^l \mid k, l \in \mathbb{Z}\}.$$

Furthermore every $\varepsilon \in U_R$ has a unique representation in the form $\varepsilon = (-1)^\nu \xi_R^k \xi_R'^l$ where $\nu \in \{0,1\}$ and the numbers k, l are integers.

The next two theorems are in some cases suitable when we want to find out if a unit of K_6 is a power of an element in K_6.

Theorem 2. Let ε be a unit of K_6 such that $\varepsilon^k \in K_n$ where k is a positive integer and $n = 2$ or 3. Then $\varepsilon \in K_n$.

Proof. Suppose that $\varepsilon \in K_6 \smallsetminus K_n$. Then $\varepsilon^{(n)} = \sigma^n(\varepsilon) \neq \varepsilon$. Since $(\varepsilon/\varepsilon^{(n)})^k = 1$, k must be even and $\varepsilon^{(n)} = -\varepsilon$. Put $\delta = \prod_{i=0}^{n-1} \varepsilon^{(i)}$. We thus have $\sigma(\delta) = -\delta$. On the other hand $\delta^k = \prod_{i=0}^{n-1} \sigma^i(\varepsilon^k) \in \mathbb{Q}$ so that $\delta = \pm 1$, a contradiction. □

Theorem 3. Let $\varepsilon \in U_R$ and let $\varepsilon = \alpha + \beta\sqrt{m}$ where $\alpha, \beta \in K_3$. If there exist units $\delta \in U_3$ and $\omega \in U_6$ such that $\varepsilon = \delta\omega^2$, then

$$2\alpha \equiv \pm 2 \bmod f_2'$$

where $f_2' = f_2/(f_2, f_3)$.

Proof. Let $\omega = \gamma + \lambda\sqrt{m}$ where $\gamma, \lambda \in K_3$. Now $\varepsilon = \alpha + \beta\sqrt{m} = \delta(\gamma + \lambda\sqrt{m})^2 = \delta(\gamma^2 + m\lambda^2 + 2\gamma\lambda\sqrt{m})$. Thus

(27) $$\alpha = \delta(\gamma^2 + m\lambda^2).$$

Since $\varepsilon = \delta\omega^2$, $\varepsilon \in U_R$ and $\delta \in U_3$, we have $1 = \delta^2(N_{6/3}(\omega))^2$. Thus

(28) $$N_{6/3}(\omega) = \gamma^2 - m\lambda^2 = \frac{e}{\delta},$$

where $e = \pm 1$. From (27) and (28) we now have

$$2\alpha = 2e + 4m\delta\lambda^2$$

where $4m = f_2$ or $m = f_2$. According to Theorem 1, $2\alpha \in \mathcal{O}_3$. Let p be an odd prime such that $p | f_2'$. Since $\omega = \gamma + \lambda\sqrt{m} \in \mathcal{O}_6$, λ is p-integral according to Theorem 1. Hence

(29) $\qquad\qquad\qquad 2\alpha \equiv 2e \bmod p.$

If $2^\nu \| f_2$ ($\nu > 0$), then λ is 2-integral. Thus

(30) $\qquad\qquad\qquad 2\alpha \equiv 2e \bmod 2^\nu.$

From (29) and (30) we have $2\alpha \equiv 2e \bmod f_2'$. □

If $x + f_6\mathbb{Z} \in H$, which is defined on p.12, then also $-x + f_6\mathbb{Z} \in H$, because K_6 is real. From every pair $x + f_6\mathbb{Z}$, $-x + f_6\mathbb{Z}$ choose one residue class and then odd representatives for these residue classes. Let α denote the set of these representatives. The number

(31) $\qquad\qquad\qquad \xi = \prod_{x \in \alpha} (\zeta_{2f_6}^{x} - \zeta_{2f_6}^{-x})$

is an integer of $\mathbb{Q}(\zeta_{2f_6})$. Put

(32) $\qquad\qquad\qquad \xi' = \prod_{x \in \alpha} (\zeta_{2f_6}^{sx} - \zeta_{2f_6}^{-sx}),$

where s is the number defined on p. 12, and

(33) $\qquad\qquad\qquad \eta = \frac{\xi}{\xi'}.$

Then $\eta \in K_6$ and η is the cyclotomic unit of K_6 as defined in [14, p.25]. Depending on the choice of α, ξ may have one of two values of opposite signs. Similarly, the sign of η is affected by the choice of s. Take $\xi_A = \xi$ if $\xi \in K_6$ and $\xi_A = \eta$ if $\xi \notin K_6$. Plainly ξ is a unit if f_6 is not a prime power. On the other hand, we shall see later that f_6 cannot be a prime power in the case $\xi \in K_6$ (cf. the equivalent conditions on p. 51). Thus $\xi_A \in U_6$ and we can write

(34) $\qquad\qquad\qquad N_{6/3}(\xi_A) = \pm\tau^u\tau'^v,$

(35) $$N_{6/2}(\xi_A) = \pm\mu^w$$

for some integers u, v, w. Let U_6^* be the group

(36) $$U_6^* = <-1,\mu,\tau,\tau',\xi_A,\xi_A',\xi_R,\xi_R'> .$$

From the observations after the equation (25) it is clear that $\sigma(\varepsilon) \in U_6^*$ for any $\varepsilon \in U_6^*$.

<u>Theorem 4.</u> Let u, v, w be the integers in (34) and (35). Then

$$<-1>N_{6/3}(U_6^*) = \begin{cases} U_3 & \text{if } 2\nmid u \text{ or } 2\nmid v \\ <-1,\tau^2,\tau'^2> & \text{if } 2|u \text{ and } 2|v \end{cases}$$

and

$$N_{6/2}(U_6^*) = \begin{cases} U_2 & \text{if } 3\nmid w \\ <-1,\mu^3> & \text{if } 3|w. \end{cases}$$

<u>Proof.</u> If $2\nmid u$ or $2\nmid v$, there exist integers c and d such that $N_{6/3}(\tau^c\tau'^d\xi_A) = \pm\tau^{2c+u}\tau'^{2d+v} = \pm\tau, \pm\tau',$ or $\pm\tau\tau'$. Hence $\tau,\tau' \in <-1>N_{6/3}(U_6^*)$ and $<-1>N_{6/3}(U_6^*) = U_3$. If $2|u$ and $2|v$, then for all $\varepsilon \in U_6^*$, $N_{6/3}(\varepsilon)$ is of the form $\pm\tau^{2g}\tau'^{2h}$. On the other hand $\tau^2 = N_{6/3}(\tau) \in N_{6/3}(U_6^*)$ and $\tau'^2 = N_{6/3}(\tau') \in N_{6/3}(U_6^*)$, so that $<-1>N_{6/3}(U_6^*) = <-1,\tau^2,\tau'^2>$.

If $3\nmid w$, there exists an integer e such that $N_{6/2}(\mu^e\xi_A) = \pm\mu^{3e+w} = \pm\mu$ or $\pm\mu^{-1}$. Thus $\mu \in N_{6/2}(U_6^*)$. Since $-1 = N_{6/2}(-1) \in N_{6/2}(U_6^*)$ we have $N_{6/2}(U_6^*) = U_2$. If $3|w$, then for all $\varepsilon \in U_6^*$, $N_{6/2}(\varepsilon)$ is of the form $\pm\mu^{3k}$. Since $\mu^3 = N_{6/2}(\mu) \in N_{6/2}(U_6^*)$ we have $N_{6/2}(U_6^*) = <-1,\mu^3>$. □

In the next four theorems the structure of U_6 is illustrated. Similar results are contained in Yokoi [27]. There are somewhat analogous considerations in the pure sextic case in Stender [25].

<u>Theorem 5.</u> If $<-1>N_{6/3}(U_6^*) = U_3$ and $N_{6/2}(U_6^*) = U_2$, then $U_6 = U_6^*$.

<u>Proof.</u> Let ε be any element of U_6. Since $<-1>N_{6/3}(U_6^*) = U_3$ there exists an $\omega_1 \in U_6^*$ such that $N_{6/3}(\omega_1) = \pm N_{6/3}(\varepsilon)$. Since $N_{6/2}(U_6^*) = U_2$ there exists an $\omega_2 \in U_6^*$ such that $N_{6/2}(\omega_2) = N_{6/2}(\varepsilon/\omega_1) = \pm\mu^e$, say.

Let $N_{6/3}(\omega_2) = \pm\tau^c\tau'^d$. Then $\varepsilon\omega_1^{-1}\omega_2^2\mu^{-e}\tau^{-c}\tau'^{-d} \in U_R$ whence $\varepsilon \in U_6^*$. □

Theorem 6. Let $<-1>N_{6/3}(U_6^*) = U_3$ and $N_{6/2}(U_6^*) \neq U_2$.
(i) If either one of the equations

(37) $$x^3 = \mu\xi_R\xi_R' , \quad x^3 = \mu^{-1}\xi_R\xi_R'$$

has a solution $x = \xi_B \in K_6$, then $[U_6 : U_6^*] = 3$,
$U_6 = U_6^* \cup \xi_B U_6^* \cup \xi_B^2 U_6^*$ and $N_{6/2}(U_6) = U_2$.
(ii) If neither of the equations (37) has a solution in K_6, then
$U_6 = U_6^*$ and $[U_2 : N_{6/2}(U_6)] = 3$.

Remark. Both the equations (37) cannot have a solution in K_6. If namely $\omega_1^3 = \mu\xi_R\xi_R'$ and $\omega_2^3 = \mu^{-1}\xi_R\xi_R'$ then $(\omega_1/\omega_2)^3 = \mu^2$. This implies that μ is a third power of an element in K_6, a contradiction according to Theorem 2.

Proof. Let us first suppose that the equation $x^3 = \mu^e\xi_R\xi_R'$ ($e = \pm 1$) has a solution $\xi_B \in K_6$. We have $N_{6/2}(\xi_B) = \mu^e$, $N_{6/3}(\xi_B) = \pm 1$, and it is easy to see, using Theorem 4 and the argument in the proof of Theorem 5, that (i) is true.

Secondly we shall prove that if $U_6 \neq U_6^*$ then one of the equations (37) has a solution ξ_B in K_6. Let $\varepsilon \in U_6 \smallsetminus U_6^*$. Since $<-1>N_{6/3}(U_6^*) = U_3$ there exists an $\omega \in U_6^*$ such that $N_{6/3}(\omega) = \pm N_{6/3}(\varepsilon)$. Dividing by ω and by a relevant power of μ we may assume that

(38) $$N_{6/3}(\varepsilon) = \pm 1, \quad N_{6/2}(\varepsilon) = \pm\mu^e$$

where $e \in \{-1, 0, 1\}$. The case $e = 0$ does not occur, because $\varepsilon \notin U_R \subset U_6^*$. Since $\varepsilon^3/\mu^e \in U_R$, we have

(39) $$\varepsilon^3 = \pm\mu^e\xi_R^h\xi_R'^k.$$

Dividing by relevant powers of ξ_R and ξ_R' we may assume that $h, k \in \{0, 1, 2\}$. Applying the automorphism σ to (39) and using (25) we have

(40) $$\varepsilon'^3 = \pm\mu^{-e}\xi_R'^h\xi_R''^k = \pm\mu^{-e}\xi_R^{-k}\xi_R'^{h+k}.$$

Hence from (39) and (40)

(41) $$(\varepsilon\varepsilon')^3 = \pm\xi_R^{h-k}\xi_R'^{h+2k}.$$

It follows that $h \equiv k \mod 3$ so that $h = k$. If $h = k = 0$ then $\varepsilon^3 = \pm\mu^e$ which is impossible by Theorem 2. If $h = k = 1$ then the equation $x^3 = \mu^e \xi_R \xi_R'$ has the solution $\xi_B = \pm\varepsilon$. If $h = k = 2$ then the equation $x^3 = \mu^{-e}\xi_R\xi_R'$ has the solution $\xi_B = \pm\xi_R\xi_R'/\varepsilon$. This proves the assertion above. The theorem now follows because the last statement in (ii) is a consequence of Theorem 4. □

Theorem 7. Let $<-1>N_{6/3}(U_6^*) \neq U_3$ and $N_{6/2}(U_6^*) = U_2$.
(i) If one of the equations

(42) $$x^2 = |\tau\xi_R|, \quad x^2 = |\tau'\xi_R|, \quad x^2 = |\tau\tau'\xi_R|$$

has a solution $x = \xi_C \in K_6$, then $[U_6 : U_6^*] = 4$, $U_6 = U_6^* \cup \xi_C U_6^* \cup \xi_C' U_6^* \cup \xi_C \xi_C' U_6^*$ and $<-1>N_{6/3}(U_6) = U_3$.
(ii) If none of the equations (42) has a solution in K_6, then $U_6 = U_6^*$ and $[U_3 : <-1>N_{6/3}(U_6)] = 4$.

Remark. Only one of the equations (42) can have a solution in K_6. Suppose, namely, that $\omega_1^2 = |\tau^c \tau'^d \xi_R|$ and $\omega_2^2 = |\tau^e \tau'^f \xi_R|$ where $c, d, e, f \in \{0,1\}$. Then $(\omega_1/\omega_2)^2 = |\tau^{c-e}\tau'^{d-f}|$. Now we cannot have $(c,d) \neq (e,f)$, according to Theorem 2.

Proof. Suppose first that one of the equations (42) has a solution $\xi_C \in K_6$. We have $N_{6/3}(\xi_C) = \pm\tau, \pm\tau'$, or $\pm\tau\tau'$, and $N_{6/2}(\xi_C) = \pm 1$. Again one can easily verify, using Theorem 4 and the argument in the proof of Theorem 5, that (i) holds.

We shall secondly show that, if $U_6 \neq U_6^*$ then one of the equations (42) has a solution ξ_C in K_6. Let $\varepsilon \in U_6 \setminus U_6^*$. Since $N_{6/2}(U_6^*) = U_2$ there exists an $\omega \in U_6^*$ such that $N_{6/2}(\omega) = N_{6/2}(\varepsilon)$. Dividing by ω and by relevant powers of τ and τ' we may assume that

$$N_{6/3}(\varepsilon) = \pm\tau^c\tau'^d, \quad N_{6/2}(\varepsilon) = 1$$

where $c,d \in \{0,1\}$. The case $c = d = 0$ does not occur, because $\varepsilon \notin U_R \subset U_6^*$. Since $\varepsilon^2/(\tau^c \tau'^d) \in U_R$ we have

$$\varepsilon^2 = \pm \tau^c \tau'^d \xi_R^h \xi_R'^k.$$

Dividing by relevant powers of ξ_R and ξ_R' we may assume that $h,k \in \{0,1\}$. We cannot have $h = k = 0$ by Theorem 2. For $h = 1$, $k = 0$ the equation $x^2 = |\tau^c \tau'^d \xi_R|$ has the solution $\xi_C = \varepsilon$. For $h = 0$, $k = 1$ the equation $x^2 = |\tau^{2-c-d}\tau'^c \xi_R|$ has the solution $\xi_C = \varepsilon^v \tau^{1-d} \tau'^c$. For $h = k = 1$ the equation $x^2 = |\tau^d \tau'^{2-c-d} \xi_R|$ has the solution $\xi_C = \varepsilon^{iv} \xi_R' \tau^d \tau'^{1-c}$. This proves the assertion and the theorem follows as before. □

Theorem 8. Let $<-1> N_{6/3}(U_6^*) \neq U_3$ and $N_{6/2}(U_6^*) \neq U_2$.

(i) If one of the equations (37) has a solution $\xi_B \in K_6$ and one of the equations (42) has a solution $\xi_C \in K_6$, then $[U_6 : U_6^*] = 12$,

$$U_6 = \bigcup_{\substack{i=0,1,2 \\ j=0,1 \\ k=0,1}} \xi_B^i \xi_C^j \xi_C'^k U_6^*, \quad <-1> N_{6/3}(U_6) = U_3 \text{ and } N_{6/2}(U_6) = U_2.$$

(ii) If one of the equations (37) has a solution $\xi_B \in K_6$ and none of the equations (42) has a solution in K_6, then $[U_6 : U_6^*] = 3$,
$U_6 = U_6^* \cup \xi_B U_6^* \cup \xi_B^2 U_6^*$, $[U_3 : <-1> N_{6/3}(U_6)] = 4$ and $N_{6/2}(U_6) = U_2$.

(iii) If neither of the equations (37) has a solution in K_6 and one of the equations (42) has a solution $\xi_C \in K_6$, then $[U_6 : U_6^*] = 4$,
$U_6 = U_6^* \cup \xi_C U_6^* \cup \xi_C' U_6^* \cup \xi_C \xi_C' U_6^*$, $<-1> N_{6/3}(U_6) = U_3$ and $[U_2 : N_{6/2}(U_6)] = 3$.

(iv) If none of the equations (37) and (42) has a solution in K_6, then $U_6 = U_6^*$, $[U_3 : <-1> N_{6/3}(U_6)] = 4$ and $[U_2 : N_{6/2}(U_6)] = 3$.

Proof. By looking at the relative norms one can verify as in the proofs of Theorems 6 and 7 that the cosets U_6^*, $\xi_B U_6^*$, $\xi_B^2 U_6^*$ are mutually disjoint if ξ_B exists, and so are the cosets U_6^*, $\xi_C U_6^*$, $\xi_C' U_6^*$, $\xi_C \xi_C' U_6^*$ if ξ_C exists. Furthermore the same argument shows that the cosets $\xi_B^i \xi_C^j \xi_C'^k U_6^*$ ($i \in \{0,1,2\}$; $j,k \in \{0,1\}$) are mutually disjoint if ξ_B and ξ_C both exist.

Let us suppose that $U_6 \neq U_6^*$ and take $\varepsilon \in U_6 \smallsetminus U_6^*$. Again we may assume that $N_{6/3}(\varepsilon) = \pm\tau^c\tau'^d$ where $c,d \in \{0,1\}$, and $N_{6/2}(\varepsilon) = \pm\mu^e$ where $e \in \{-1,0,1\}$. If $c = d = 0$, we can prove the existence of ξ_B in the same way as in the proof of Theorem 6. Depending on the value of e we have $\varepsilon U_6^* = \xi_B U_6^*$ or $\xi_B^2 U_6^*$. Similarly, if $e = 0$ then ξ_C exists and $\varepsilon U_6^* = \xi_C U_6^*$, $\xi_C' U_6^*$, or $\xi_C \xi_C' U_6^*$. Let us therefore suppose that $e \neq 0$ and at least one of the numbers c,d is $\neq 0$. Since $\varepsilon^6/(\mu^{2e}\tau^{3c}\tau'^{3d}) \in U_R$ we can write

(43) $$\varepsilon^6 = \pm\mu^{2e}\tau^{3c}\tau'^{3d}\xi_R^h\xi_R'^k$$

from which it further follows that

(44) $$(\varepsilon^2/(\mu^e\tau^c\tau'^d))^3 = \pm\mu^{-e}\xi_R^h\xi_R'^k.$$

As in the proof of Theorem 6 we deduce that ξ_B exists. Clearly $\varepsilon^2 U_6^* = \xi_B^l U_6^*$ ($l = 1$ or 2). From (43) we also obtain

$$(\varepsilon^3/(\mu^e\tau^c\tau'^d))^2 = \pm\tau^c\tau'^d\xi_R^h\xi_R'^k.$$

Arguing as in the proof of Theorem 7 we find that ξ_C exists. Further $\varepsilon^3 U_6^* = \xi_C^i \xi_C'^j U_6^*$ ($i,j \in \{0,1\}$; $i + j > 0$). Hence $\varepsilon U_6^* = \xi_B^{-1}\xi_C^i\xi_C'^j U_6^* = \xi_B^{3-1}\xi_C^i\xi_C'^j U_6^*$. The theorem now follows immediately from these considerations. □

It is evident that if $U_6 = U_6^*$ and $\xi_R \in \langle -1, \mu, \tau, \tau', \xi_A, \xi_A' \rangle$ then $\{\mu, \tau, \tau', \xi_A, \xi_A'\}$ is a system of fundamental units of K_6. From Latimer [17] we know that K_6 has a system of fundamental units containing μ, τ, τ'. We shall give a direct proof for this result.

<u>Theorem 9.</u> The field K_6 has a system of fundamental units of the form $\{\mu, \tau, \tau', \varepsilon_1, \varepsilon_2\}$.

<u>Proof.</u> It is well known that we may choose fundamental units $\omega_1, \omega_2, \omega_3, \omega_4, \omega_5$ of K_6 so that

$$\tag{45} \tau = \pm\omega_1^{a_{11}},$$

$$\tag{46} \tau' = \pm\omega_1^{a_{21}}\omega_2^{a_{22}},$$

$$\tag{47} \mu = \pm\omega_1^{a_{31}}\omega_2^{a_{32}}\omega_3^{a_{33}},$$

where the a_{ij} are integers and $a_{ii} > 0$, $0 \leq a_{ij} < a_{ii}$ ($1 \leq j < i \leq 3$). From Theorem 2 we obtain $a_{11} = 1$. So we may choose $\omega_1 = \tau$. Now $\pm\tau'\tau^{-a_{21}} = \omega_2^{a_{22}}$. Again from Theorem 2 we have that $a_{22} = 1$. So we may choose $\omega_2 = \tau'$. Taking norms in (47) we have

$$\tag{48} \mu^3 = \pm(N_{6/2}(\omega_3))^{a_{33}},$$

$$\tag{49} \pm 1 = \tau^{2a_{31}}\tau'^{2a_{32}}(N_{6/3}(\omega_3))^{a_{33}}.$$

From (48) we have $a_{33} = 1$ or 3. If $a_{33} = 3$, then from (49) we obtain $3|a_{31}$ and $3|a_{32}$. But now $\mu = \pm(\tau^{a_{31}/3}\tau'^{a_{32}/3}\omega_3)^3$ which is impossible according to Theorem 2. So $a_{33} = 1$ and we may take $\omega_3 = \mu$. □

4. The function $\mathcal{M}$ and the structure of U_R

Let $\mathbb{Q}(\beta)/\mathbb{Q}$ be an Abelian extension of degree n. Let the conjugates of β be $\beta_1, \ldots, \beta_n$. We define

(50) $$\mathcal{M}(\beta) = \frac{1}{n} \sum_{i=1}^{n} |\beta_i|^2.$$

In every finite extension K of $\mathbb{Q}(\beta)$ the set of conjugates of β consists of $\beta_1, \ldots, \beta_n$ each one appearing $[K : \mathbb{Q}(\beta)]$ times. So also in the field K, $\mathcal{M}(\beta)$ equals the mean value of the squares of the absolute values of the conjugates of β. The conjugates of the number $|\beta|^2$ in $\mathbb{Q}(\beta)$ are $|\beta_1|^2, \ldots, |\beta_n|^2$, for the Galois group of the extension $\mathbb{Q}(\beta)/\mathbb{Q}$ is commutative. Hence $\mathcal{M}(\beta) \in \mathbb{Q}$. As indicated by Loxton [21, p. 166]

(51) $$\mathcal{M}(\beta^k) \geq \mathcal{M}(\beta)^k \quad (k \in \mathbb{Z}, k \geq 0).$$

If β is an algebraic integer then $n\mathcal{M}(\beta)$ is the trace of the algebraic integer $|\beta|^2$ from $\mathbb{Q}(\beta)$ to $\mathbb{Q}$. So $n\mathcal{M}(\beta)$ is an integer.

We shall now study the function $\mathcal{M}$ in the group U_R. Let $\varepsilon \in U_R$. Then there exist $\alpha \in K_3$ and $\beta \in K_3$ such that $\varepsilon = \alpha + \beta\sqrt{m}$. From (22) we have

(52) $$N_{6/3}(\varepsilon) = (\alpha + \beta\sqrt{m})(\alpha - \beta\sqrt{m}) = \alpha^2 - m\beta^2 = 1.$$

Now

$$6\mathcal{M}(\varepsilon) = (\alpha + \beta\sqrt{m})^2 + (\alpha' - \beta'\sqrt{m})^2 + (\alpha'' + \beta''\sqrt{m})^2$$
$$+ (\alpha - \beta\sqrt{m})^2 + (\alpha' + \beta'\sqrt{m})^2 + (\alpha'' - \beta''\sqrt{m})^2$$
$$= 2S_{3/1}(\alpha^2) + 2mS_{3/1}(\beta^2).$$

From (52) it follows that $S_{3/1}(\alpha^2) = mS_{3/1}(\beta^2) + 3$. Hence

(53) $$\mathcal{M}(\varepsilon) = \frac{2m}{3} S_{3/1}(\beta^2) + 1.$$

Put $x = \varepsilon'^2$ and $y = \varepsilon''^2$. Then from (23) and (25) we have

(54) $$6\mathcal{M}(\varepsilon) = x + xy + y + \frac{1}{x} + \frac{1}{xy} + \frac{1}{y}.$$

In the next theorem we get a lower bound for the function $\mathcal{M}$ in $U_R \smallsetminus \{\pm 1\}$. We use the notation

(55) $$f_* = (f_2, f_3), \quad f_2' = \frac{f_2}{f_*}, \quad f_3' = \frac{f_3}{f_*}.$$

Theorem 10. If $\varepsilon \in U_R \smallsetminus \{\pm 1\}$ then

(56) $$\mathcal{M}(\varepsilon) \geq \begin{cases} \dfrac{f_2(2f_3 + f_*)}{18f_*} + 1 & \text{when } 3 \nmid f_* \\[2ex] \dfrac{f_2(2f_3 + 3f_*)}{54f_*} + 1 & \text{when } 3 \mid f_*. \end{cases}$$

Proof. Let $\varepsilon \in U_R \smallsetminus \{\pm 1\}$ and let $\varepsilon = \alpha + \beta\sqrt{m}$ where $\alpha, \beta \in K_3$. Replacing ε by $-\varepsilon$, if necessary, we may assume that $N_{6/2}(\varepsilon) = 1$. According to Theorem 1, $\beta = \frac{1}{f_*}(z_0 + z_1\theta + z_2\theta')$ if $2 \mid f_2$ and $\beta = \frac{1}{2f_*}(z_0 + z_1\theta + z_2\theta')$ if $2 \nmid f_2$, where the z_i are integers. Put $\gamma = z_0 + z_1\theta + z_2\theta'$ in both cases. From (53) it now follows that

$$\mathcal{M}(\varepsilon) = \frac{f_2}{6f_*^2} S_{3/1}(\gamma^2) + 1.$$

Using (15) it further follows that

(57) $$\mathcal{M}(\varepsilon) = \frac{f_2}{18f_*^2}(S_{3/1}(\gamma))^2 + \frac{f_2 f_3}{9f_*^2}(z_1^2 + z_2^2 - z_1 z_2) + 1.$$

If $z_1 = z_2 = 0$ then $\beta \in \mathbb{Q}$. Now (52) implies that α is of degree 2 or less over the field $\mathbb{Q}$. Since $\alpha \in K_3$, we would have $\alpha \in \mathbb{Q}$ and $\alpha + \beta\sqrt{m} \in K_2$. So $\varepsilon^3 = N_{6/2}(\varepsilon) = 1$, a contradiction. Hence $z_1^2 + z_2^2$

$-z_1 z_2 > 0.$

Since $\beta\sqrt{m} = \frac{1}{2f_*} \gamma\sqrt{f_2}$, we have

(58) $$\gamma = \frac{\sqrt{f_2}}{f_2'} (\varepsilon - \varepsilon''')$$

from which we obtain

(59) $$S_{3/1}(\gamma) = \frac{\sqrt{f_2}}{f_2'} (\varepsilon - \varepsilon''' - \varepsilon' + \varepsilon^{iv} + \varepsilon'' - \varepsilon^{v})$$

$$= \frac{\sqrt{f_2}}{f_2'} N_{6/2}(\varepsilon - 1).$$

Since $\varepsilon \neq 1$, we have $S_{3/1}(\gamma) \neq 0$. Since $S_{3/1}(\gamma) \in \mathbb{Z}$ and $N_{6/2}(\varepsilon - 1) \in \mathcal{O}_2$, $N_{6/2}(\varepsilon - 1) = x\sqrt{m}$ where x is an integer. So $f_* | S_{3/1}(\gamma)$. Hence we get from (57)

(60) $$\mathcal{M}(\varepsilon) \geq \frac{f_2}{18} + \frac{f_2 f_3}{9 f_*^2} (z_1^2 + z_2^2 - z_1 z_2) + 1.$$

Let p be a prime divisor of f_*. Then p is ramified both in the extension $K_2/\mathbb{Q}$ and in the extension $K_3/\mathbb{Q}$. Hence p is fully ramified in the extension $K_6/\mathbb{Q}$. So $p = \mathfrak{p}^6$ where $\mathfrak{p}$ is a prime ideal of the ring $\mathcal{O}_6$. Since $\mathfrak{p}^6 | S_{3/1}(\gamma)$ and $\mathfrak{p}^3$ is the highest power of $\mathfrak{p}$ which divides $\sqrt{f_2}$, (59) implies that ε has a conjugate $\varepsilon^{(i)}$ such that $\varepsilon^{(i)} \equiv 1 \mod \mathfrak{p}$. Since $\sigma^j(\mathfrak{p}) = \mathfrak{p}$ for all $j \in \mathbb{Z}$, we have

$$\varepsilon^{(i)} \equiv 1 \mod \mathfrak{p} \quad (i = 0, \ldots, 5).$$

From (58) we obtain

$$\gamma^2 = \frac{f_*}{f_2'} (\varepsilon - \varepsilon''')^2.$$

Since $\varepsilon - \varepsilon''' \equiv 0 \mod \mathfrak{p}$, $p | f_*$ and $p \nmid f_2'$, $p^2 | S_{3/1}(\gamma^2)$. Since p was any prime divisor of f_*, $f_*^2 | S_{3/1}(\gamma^2)$. Now (57) implies $z_1^2 + z_2^2 - z_1 z_2 \equiv 0 \mod f_*/(3, f_*)$. Hence we obtain from (60)

$$\mathcal{M}(\varepsilon) \geq \frac{f_2}{18} + \frac{f_2 f_3}{9 f_* (3, f_*)} + 1$$

which is the same as (56). □

Next we shall prove two theorems concerning monotonicity of the function $\mathcal{M}$. Before it, however, we prove another useful theorem.

<u>Theorem 11.</u> If $\varepsilon \in U_R \smallsetminus \{\pm 1\}$, then there exists exactly one integer t such that

(61) $$1 < |\varepsilon^{(t)}| < |\varepsilon^{(t+1)}|, \quad 0 \leq t \leq 5.$$

<u>Proof.</u> Let an integer t be such that $|\varepsilon^{(t+1)}| = \max_{0 \leq i \leq 5} |\varepsilon^{(i)}|$, $0 \leq t \leq 5$. According to (25), $|\varepsilon^{(t)}| = |\varepsilon^{(t+1)}|$ implies that $|\varepsilon^{(t+2)}| = 1$. This is impossible, because $\varepsilon \neq \pm 1$. So

$$|\varepsilon^{(t)}| < |\varepsilon^{(t+1)}|.$$

Since $|\varepsilon^{(t)}||\varepsilon^{(t+2)}| = |\varepsilon^{(t+1)}| > |\varepsilon^{(t+2)}|$,

$$1 < |\varepsilon^{(t)}|.$$

Thus t satisfies the condition (61).

Conversely, let us suppose that an integer t satisfies (61). From (25) we obtain

$$1 < |\varepsilon^{(t+2)}| < |\varepsilon^{(t+1)}|.$$

From (23) it further follows that

$$|\varepsilon^{(t+i)}| < 1 \quad (i = 3,4,5).$$

Hence $|\varepsilon^{(t+1)}| = \max_{0 \leq i \leq 5} |\varepsilon^{(i)}|$. □

<u>Theorem 12.</u> If $\varepsilon \in U_R \smallsetminus \{\pm 1\}$ then

(62) $$\mathcal{M}(\varepsilon^k \varepsilon'^{l+1}) > \mathcal{M}(\varepsilon^k \varepsilon'^l)$$

for all integers k, l such that $k \geq 0$, $l \geq 0$.

<u>Proof.</u> Put $a = \varepsilon^2$ and $b = \varepsilon''^2$. According to Theorem 11, ε can be chosen among it´s conjugates so that $1 < |\varepsilon| < |\varepsilon'|$. So $a > 1$ and from

(25) we also have $b > 1$. According to (54) and (25)

(63) $$6\mathcal{M}(\varepsilon^k\varepsilon'^{l+1}) = a^{k+l+1}b^{l+1} + a^k b^{k+l+1} + a^{-l-1}b^k$$
$$+ a^{-k-l-1}b^{-l-1} + a^{-k}b^{-k-l-1} + a^{l+1}b^{-k}$$

and

(64) $$6\mathcal{M}(\varepsilon^k\varepsilon'^{l}) = a^{k+l}b^{l} + a^k b^{k+l} + a^{-l}b^k$$
$$+ a^{-k-l}b^{-l} + a^{-k}b^{-k-l} + a^{l}b^{-k}.$$

Put

$$\Delta = 6a^{k+l+1}b^{k+l+1}\{\mathcal{M}(\varepsilon^k\varepsilon'^{l+1}) - \mathcal{M}(\varepsilon^k\varepsilon'^{l})\}.$$

The statement (62) will be proved if we verify that $\Delta > 0$. From the equations (63) and (64) we obtain

(65) $$\Delta = (a^{k+2l+1}b^{l+1} - a^k b^{2k+l+1})(a - 1)$$
$$+ (a^{2k+l+1}b^{2k+2l+1} - a^{l+1})(b - 1)$$
$$+ (a^{2k+2l+1}b^{k+2l+1} - b^k)(ab-1).$$

Let $\Delta_1, \Delta_2, \Delta_3$ denote the terms of the sum (65) in order. Now $\Delta_2 > 0$ and $\Delta_3 > 0$, for $a > 1$, $b > 1$, $k \geq 0$, $l \geq 0$. If $a \leq b$, then $\Delta_2 > -\Delta_1$. If $a > b$, then $\Delta_3 > -\Delta_1$. Hence $\Delta > 0$. □

Theorem 13. If $\varepsilon \in U_R \smallsetminus \{\pm 1\}$, then

(66) $$\mathcal{M}(\varepsilon^{k+1}\varepsilon'^{l}) > \mathcal{M}(\varepsilon^k\varepsilon'^{l})$$

for all integers k, l such that $k \geq 0$, $l \geq 0$.

Proof. We use the same method as in the proof of Theorem 12. So let $a = \varepsilon^2$, $b = \varepsilon''^2$ and we may assume that $a > 1$, $b > 1$. Furthermore

$$6a^{k+l+1}b^{k+l+1}\{\mathcal{M}(\varepsilon^{k+1}\varepsilon'^{l}) - \mathcal{M}(\varepsilon^k\varepsilon'^{l})\} =$$
$$(b^{l+2k+1}a^{k+1} - b^l a^{2l+k+1})(b - 1) + (b^{2l+k+1}a^{2l+2k+1} - b^{k+1})(a - 1)$$
$$+ (b^{2l+2k+1}a^{l+2k+1} - a^l)(ab - 1).$$

Interchanging k and l, and a and b this formula is the same as Δ in (65). Thus, according to the proof of Theorem 12, (66) is valid. □

Since $6\mathcal{M}(\varepsilon)$ is a positive integer for all $\varepsilon \in U_R$, there exists a least number in the set $\{\mathcal{M}(\varepsilon) \mid \varepsilon \in U_R \smallsetminus \{\pm 1\}\}$. Let $\mathcal{M}(\xi_R)$ be such a number. The next theorem shows that ξ_R is a generating relative unit. In Leopoldt [19] a more general result is proved in a different way.

Theorem 14. Let $\xi_R \in U_R \smallsetminus \{\pm 1\}$ be such that $\mathcal{M}(\xi_R) = \min \{\mathcal{M}(\varepsilon) \mid \varepsilon \in U_R \smallsetminus \{\pm 1\}\}$. Then

$$U_R = \{\pm \xi_R^k \xi_R'^l \mid k, l \in \mathbb{Z}\}.$$

Furthermore, every $\varepsilon \in U_R$ has exactly one expression in the form $\varepsilon = (-1)^\nu \xi_R^k \xi_R'^l$ where $\nu \in \{0,1\}$ and k, l are integers.

Proof. According to Theorem 11 we may assume that $1 < |\xi_R| < |\xi_R'|$. From (25) we also have $1 < |\xi_R''| < |\xi_R'|$. Put $a = \xi_R^2$ and $b = \xi_R''^2$. So $a > 1$ and $b > 1$. Let ε be any element in U_R. The determinant of the pair of equations

$$(67) \quad \begin{cases} k \ln|\xi_R| + l \ln|\xi_R'| = \ln|\varepsilon| \\ k \ln|\xi_R''| + l \ln|\xi_R'| = \ln|\varepsilon'| \end{cases}$$

is $\ln|\xi_R| \ln|\xi_R''| - \ln|\xi_R'| \ln|\xi_R'| \neq 0$. So (67) has a unique real solution k, l. Thus there exist unique real numbers k, l such that $\varepsilon = \pm \xi_R^k \xi_R'^l$ and $\varepsilon' = \pm \xi_R'^k \xi_R''^l$. Now the theorem will be proved if we show that k and l are integers. Let $k = K + x$ and $l = L + y$ where $K, L \in \mathbb{Z}$ and $0 \leq x, y < 1$. Put $\varepsilon_1 = \xi_R^x \xi_R'^y$. Since $\varepsilon_1 = \pm \varepsilon \xi_R^{-K} \xi_R'^{-L}$, $\varepsilon_1 \in U_R$. Now, according to (54),

$$(68) \quad 6\mathcal{M}(\varepsilon_1) = a^{x+y}b^y + a^x b^{x+y} + a^{-y}b^x$$
$$+ a^{-x-y}b^{-y} + a^{-x}b^{-x-y} + a^y b^{-x}.$$

Let $f(x,y)$ denote the right side of the equation (68). Let us examine the function f in the region $0 \leq x, y \leq 1$, $x + y \leq 1$. Clearly $f_{xx}(x,y) > 0$ in this region. So f has, when y is fixed, an absolute maximum in the interval $0 \leq x \leq 1 - y$ at $x = 0$ or at $x = 1 - y$ and not at other points. Now

$$f(0,y) = (ab)^y + b^y + a^{-y} + (ab)^{-y} + b^{-y} + a^y$$

and

$$f(1-y,y) = ab^y + a^{1-y}b + a^{-y}b^{1-y} + a^{-1}b^{-y} + a^{-1+y}b^{-1} + a^y b^{-1+y}.$$

Since the function $h(x) = x + 1/x$ is strictly increasing in the interval $x \geq 1$, $f(0,y)$ has an absolute maximum in the interval $0 \leq y \leq 1$ at exactly one point $y = 1$. Clearly $\frac{d^2 f(1-y,y)}{dy^2} > 0$. So $f(1-y,y)$ has an absolute maximum in the interval $0 \leq y \leq 1$ at $y = 0$ or at $y = 1$ and not at other points. According to (68), $f(0,1) = f(1,0) = 6\mathcal{M}(\xi_R)$. Thus $f(x,y) < 6\mathcal{M}(\xi_R)$ when $0 \leq x,y < 1$, $x + y \leq 1$. Since $\varepsilon_1 \in U_R$, then because of the choice of ξ_R, $x = y = 0$ or $x + y > 1$. Let us suppose that $x + y > 1$. Then $6\mathcal{M}(\xi_R \xi_R'/\varepsilon_1) = f(1-x,1-y)$ and $0 < 1-x, 1-y < 1$, $(1-x) + (1-y) < 1$. Now, according to the preceding proof, $6\mathcal{M}(\xi_R \xi_R'/\varepsilon_1) < 6\mathcal{M}(\xi_R)$, a contradiction. Hence $x = y = 0$ and so k and l are integers. □

In this work a computer program is constructed for finding a generating relative unit ξ_R. First a candidate ξ_o for ξ_R is chosen in the following way:

(69) $$\xi_o = \begin{cases} \mu^{-w/3} \tau^{-u/2} \tau'^{-v/2} \xi_A & \text{if } 3|w, 2|u, 2|v \\ \mu^{-2w/3} \tau^{-u} \tau'^{-v} \xi_A^2 & \text{if } 3|w, \text{ and } 2\nmid u \text{ or } 2\nmid v \\ \tau^{(v-u)/2} \tau'^{-u/2} \xi_A \xi_A' & \text{if } 3\nmid w, 2|u, 2|v \\ \tau^{v-u} \tau'^{-u} \xi_A^2 \xi_A'^2 & \text{if } 3\nmid w, \text{ and } 2\nmid u \text{ or } 2\nmid v \end{cases}$$

where u, v, w are the integers in (34) and (35). In Sections 6 and 7 we shall derive from Bergström's product formula [13, p. 59] equations for computing the co-ordinates of ξ_A. If $2\nmid u$ or $2\nmid v$ then we have from Theorem 2 that $\pm\xi_o$ is not a square in K_6. If $2|u$ and $2|v$, then in many cases Theorem 3 and the co-ordinates of ξ_o may be used to determine if $\pm\xi_o$ is not a square in K_6. If $\pm\xi_o$ is a square then we replace it by its square root and so on until we reach a relative unit ξ_1 such that $\xi_1^{2^n} = \pm\xi_o$ for some $n \geq 0$ and $\pm\xi_1$ is not a square in K_6. (For $n = 0$, $\xi_1 = \xi_o$.)

Whether ξ_1 is a generating relative unit or not will be found out in the following way. Let us assume that $\xi_1 = \pm \xi_R^K \xi_R'^L$ for some integers K, L. We may suppose that $K > 0$, $L \geq 0$. If for instance $K = 0$, then we replace ξ_R by its conjugate ξ_R', and if $K < 0$ then we replace ξ_R by ξ_R'''. So we have $K > 0$. If $L < 0$, let $J = \min\{K, -L\}$. From (23) and (24) we have now

$$\xi_1 = \pm \xi_R^K \xi_R^{iv}{}^{-L-J} \xi_R''^J \xi_R^{v}{}^J = \pm \xi_R^{K-J} \xi_R^{iv}{}^{-L-J} \zeta_R^{v}{}^J .$$

If $J = K \neq -L$ then we replace ξ_R by ξ_R^{iv}, and if $J = -L$ then we replace ξ_R by ξ_R^v. Hence we also have $L \geq 0$. From Theorem 10 we get a lower bound M_{min} for $\mathcal{M}(\xi_R)$, viz.

$$(70) \qquad M_{min} = \begin{cases} \dfrac{f_2(2f_3 + f_*)}{18 f_*} + 1 & \text{if } 3 \nmid f_* \\[2mm] \dfrac{f_2(2f_3 + 3f_*)}{54 f_*} + 1 & \text{if } 3 \mid f_* . \end{cases}$$

According to Theorems 12 and 13, and (51), we have

$$(71) \qquad \mathcal{M}(\xi_1) = \mathcal{M}(\xi_R^K \xi_R'^L) \geq \mathcal{M}(\xi_R^K) \geq \mathcal{M}(\xi_R)^K \geq M_{min}^K ,$$

$$(72) \qquad \mathcal{M}(\xi_1) = \mathcal{M}(\xi_R^K \xi_R'^L) \geq \mathcal{M}(\xi_R'^L) \geq \mathcal{M}(\xi_R')^L \geq M_{min}^L .$$

Put

$$(73) \qquad K_{max} = [\ln \mathcal{M}(\xi_1) / \ln M_{min}]$$

where [ ] denotes the greatest integer function. From (71) and (72) we obtain K, L $\leq K_{max}$. Since $\pm \xi_1$ is not a square in K_6, both K and L cannot be even. Now

$$\xi_1^L \xi_1'^K = \pm \xi_R^{KL} \xi_R'^{K^2+L^2} \xi_R''^{KL} = \pm \xi_R'^{K^2+KL+L^2}$$

and, since $K^2 + KL + L^2$ is odd,

$$(74) \qquad \pm \xi_R' = \xi_1^{L/(K^2+KL+L^2)} \xi_1'^{K/(K^2+KL+L^2)} .$$

Now we have

(75) $$S_{6/1}(\pm\xi_R') = \sum_{i=0}^{5} \sigma^i(\xi_1)^{L/(K^2+KL+L^2)} \sigma^i(\xi_1')^{K/(K^2+KL+L^2)}.$$

Because $\xi_R' \in \mathcal{O}_6$, $S_{6/1}(\pm\xi_R')$ is an integer. Thus if the right side of (75) is not an integer for all integers K, L such that $0 \leq K, L \leq K_{max}$, $K + L > 1$ and $K^2 + KL + L^2$ odd, then ξ_1 already is a generating relative unit of K_6. Otherwise the right side of (74) is such a unit for suitable values of K and L provided that it belongs to $\mathcal{O}_6$.

5. Bergström's product formula

Let K be a real Abelian number field of degree n and let f be the conductor of K. Let H be the multiplicative group of prime residue classes mod f corresponding to K, according to class field theory. If $x + f\mathbb{Z} \in H$ then also $-x + f\mathbb{Z} \in H$, because K is real. Choose one residue class from every pair $x + f\mathbb{Z}$, $-x + f\mathbb{Z}$ and then take an odd representative from each such residue class. Let α be the set of these representatives and let l be the number of elements in α. Then $l = \varphi(f)/2n$. The number

$$\xi = \prod_{x \in \alpha}(\zeta_{2f}^{x} - \zeta_{2f}^{-x})$$

is an integer of $\mathbb{Q}(\zeta_{2f})$. Let $(r + f\mathbb{Z})H$, where r is odd, be any element of the factor group Φ_f/H. Put

$$\xi_r = \prod_{x \in \alpha}(\zeta_{2f}^{rx} - \zeta_{2f}^{-rx}).$$

The numbers ξ/ξ_r belong to the field K [14, p. 22] and they are called the cyclotomic units of K.

Hasse has proved Bergström's product formula in his work [13]. In Bergström's product formula the number ξ is represented by means of Gaussian sums. The needed representation of ξ as a sum of roots of unity we obtain in the following way. Let $\alpha = \{a_1, \ldots, a_l\}$. Then

$$\xi = \zeta_{2f}^{\sum_{i=1}^{l} a_i} \prod_{i=1}^{l}(1 - \zeta_{2f}^{-2a_i}).$$

Multiplying this product term by term we obtain the sum

$$\xi = \sum_{t=1}^{2f} B_t \zeta_{2f}^{t},$$

where the coefficients $B_t = B_t^{(1)}$ are obtained from the recursion formula

(76)
$$\begin{cases} B_t^{(0)} = \begin{cases} 1 & \text{when } t \equiv \sum_{i=1}^{1} a_i \bmod 2f \\ 0 & \text{otherwise} \end{cases} \\ B_t^{(i)} = B_t^{(i-1)} - B_{t+2a_i}^{(i-1)} \quad (i = 1, \ldots, 1). \end{cases}$$

In (76) the indexes t of $B_t^{(i)}$ have to be taken modulo $2f$. Since the numbers a_i are odd, $B_t = 0$ if $t \not\equiv 1 \bmod 2$. For an odd f we have

(77) $$\xi = \sum_{t=1}^{f} A_t \zeta_f^{t} \quad \text{where } A_t = \begin{cases} B_{2t} & \text{if } 1 \text{ is even} \\ -B_{2t+f} & \text{if } 1 \text{ is odd}. \end{cases}$$

If f and 1 are even then we have

(78) $$\xi = \sum_{t=1}^{f} A_t \zeta_f^{t} \quad \text{where } A_t = \tfrac{1}{2}(B_{2t} - B_{2t+f}).$$

If f is even and 1 is odd then

(79) $$\xi = \sum_{\substack{t=1 \\ t \text{ odd}}}^{2f-1} A_t \zeta_{2f}^{t} \quad \text{where } A_t = \tfrac{1}{2}(B_t - B_{t+f}).$$

We shall now consider the character which Hasse [13, p. 56] denotes by ψ. Put

$$\overline{H} = \{ x + 2f\mathbb{Z} \mid x + f\mathbb{Z} \in H, x \equiv 1 \bmod 2 \}.$$

If f is odd, then $\#\overline{H} = \#H$ and furthermore $\overline{H}$ is isomorphic to H. If f is even, then $\#\overline{H} = 2 \cdot \#H$. For every $x + 2f\mathbb{Z} \in \overline{H}$ the automorphism $\zeta_{2f} \mapsto \zeta_{2f}^{x}$ of the field $\mathbb{Q}(\zeta_{2f})$ maps ξ into ξ or into $-\xi$. The condition

$$\xi \mapsto \psi(x)\xi$$

defines a character ψ of the group $\bar{H}$. The character ψ is either principal or quadratic. According to Hasse [13, p. 56] every x such that $x + 2f\mathbb{Z} \in \bar{H}$ satisfies a congruence

$$x^l \equiv (-1)^\nu + \delta f \bmod 2f$$

where $\nu = 0$ or 1 and $\delta = 0$ or 1. Furthermore ψ is determined for every x such that $x + 2f\mathbb{Z} \in \bar{H}$ as follows:

(80) $\qquad \psi(x) = \begin{cases} 1 & \text{when } x^l \equiv 1, -1-f \bmod 2f \\ -1 & \text{when } x^l \equiv -1, 1+f \bmod 2f. \end{cases}$

According to Hasse [13, p. 57], $\xi \in K$ if and only if ψ is principal. Otherwise only $\xi^2 \in K$. Let us now examine ψ in different cases.

<u>Case 1. f odd, l odd.</u> According to (80), $\psi(-1) = -1$. Thus ψ is a quadratic character. The character group of $\bar{H}$ is isomorphic to $\bar{H}$. Since $\#\bar{H} = 2l$ and l is odd, there exists a unique element of order 2 in $\bar{H}$. Thus in the character group of $\bar{H}$ there is a unique quadratic character and ψ must be that character. We shall consider ψ as a character of H via the canonical isomorphism $\bar{H} \approx H$.

<u>Case 2. f odd, l even.</u> a) Suppose first that the 2-Sylow subgroup of $\bar{H}$ is not cyclic. Then the order of any element in $\bar{H}$ divides $\#\bar{H}/2 = l$. So $x^l \equiv 1 \bmod 2f$ for all x such that $x + 2f\mathbb{Z} \in \bar{H}$. By (80), ψ is the principal character.

b) Suppose next that the 2-Sylow subgroup of $\bar{H}$ is cyclic. Let $x + 2f\mathbb{Z}$ be a generator of that cyclic group. We cannot have $x^l \equiv \pm(1+f)$ mod 2f because f is odd. Since the order of $x + 2f\mathbb{Z}$ in $\bar{H}$ does not divide l we must have $x^l \equiv -1 \bmod 2f$. Hence ψ is quadratic. In this case $\bar{H}$ also has a unique quadratic character which must be ψ.

As in Case 1 we shall consider ψ as a character of H.

<u>Case 3. f even, l odd.</u> According to (80), $\psi(-1) = -1$ so that ψ is a quadratic character. Since

$$(-1-f)^l = (-1)^l(1+f)^l \equiv -1-f \mod 2f,$$

we have $\psi(-1-f) = 1$. So ψ can be regarded as a character of the factor group $\bar{H}/<-1-f + 2f\mathbb{Z}> = \bar{H}_{-1-f}$, say. Since $\#\bar{H}_{-1-f} = \#\bar{H}/2 = 2l$ and l is odd, ψ is the unique quadratic character of $\bar{H}_{-1-f}$. Here we have $\psi(1+f) = -1$ so that ψ cannot be considered as a character of H.

Case 4. f even, l even. We have $\psi(-1) = 1$ so that ψ can be regarded as a character of the factor group $\bar{H}/<-1 + 2f\mathbb{Z}> = \bar{H}_{-1}$, say.

a) If the 2-Sylow subgroup of $\bar{H}_{-1}$ is not cyclic the order of any element of $\bar{H}_{-1}$ divides l. Hence $x^l \equiv \pm 1 \mod 2f$ for all x such that $x + 2f\mathbb{Z} \in \bar{H}$. We cannot have $x^l \equiv -1 \mod 2f$ because f and l are even. So ψ is the principal character.

b) Suppose now that the 2-Sylow subgroup of $\bar{H}_{-1}$ is cyclic and let $(x + 2f\mathbb{Z})<-1 + 2f\mathbb{Z}>$ be a generator of that cyclic group. The order of this element in $\bar{H}_{-1}$ does not divide l. Therefore $x^l \not\equiv \pm 1 \mod 2f$. Since $-1-f \equiv 3 \mod 4$, $x^l \equiv -1-f \mod 2f$ is impossible. So $x^l \equiv 1+f \mod 2f$ whence ψ is quadratic. The group $\bar{H}_{-1}$ has a unique quadratic character which must be ψ.

From (80), $\psi(1+f) = 1$ whence we can (and shall) consider ψ as a character of H.

For every positive divisor d of f let

$$H^{(d)} = \{x + \frac{f}{d}\mathbb{Z} \mid x + f\mathbb{Z} \in H\},$$

m(d) be the index of $H^{(d)}$ in $\Phi_{f/d}$ and

$$\Phi_{f/d}/H^{(d)} = \{s_1^{(d)}H^{(d)}, s_2^{(d)}H^{(d)}, \ldots, s_{m(d)}^{(d)}H^{(d)}\}.$$

Correspondingly for every positive divisor d of 2f let

$$\bar{H}^{(d)} = \{x + \frac{2f}{d}\mathbb{Z} \mid x + 2f\mathbb{Z} \in \bar{H}\},$$

$\bar{m}(d)$ be the index of $\bar{H}^{(d)}$ in $\Phi_{2f/d}$ and

$$\Phi_{2f/d}/\overline{H}^{(d)} = \{ s_1^{(d)}\overline{H}^{(d)}, s_2^{(d)}\overline{H}^{(d)}, \ldots, s_{\overline{m}(d)}^{(d)}\overline{H}^{(d)} \}.$$

We shall now give Bergström´s product formula in different cases. We use the notation $f(\chi)$ for the conductor of a character χ, $\tau(\chi)$ for the Gaussian sum belonging to χ and μ for the Möbius function.

Case 1. f odd, or f and 1 even. In this case

$$(81) \quad \xi = \frac{1}{n} \sum_{\chi} \sum_{d | \frac{f}{f(\chi)}} \frac{n}{\overline{m}(d)} \mu(\frac{f}{f(\chi)d}) \chi(\frac{f}{f(\chi)d}) \sum_{x=1}^{\overline{m}(d)} \overline{\chi}(s_x^{(d)}) A_{s_x^{(d)}d} \tau(\chi)$$

where the summation $\sum_{\chi}$ is over all extensions of ψ to the group Φ_f and the numbers A_t are obtained from (77) or (78).

Case 2. f even and 1 odd. In this case

$$(82) \quad \xi = \frac{1}{n} \sum_{\chi} \sum_{d | \frac{2f}{f(\chi)}} \frac{n}{\overline{m}(d)} \mu(\frac{2f}{f(\chi)d}) \chi(\frac{2f}{f(\chi)d}) \sum_{x=1}^{\overline{m}(d)} \overline{\chi}(s_x^{(d)}) A_{s_x^{(d)}d} \tau(\chi)$$

where the summation $\sum_{\chi}$ is over all extensions of ψ to the group Φ_{2f} and the numbers A_t are obtained from (79).

6. Bergström's product formula in the case of real cyclic sextic fields

According to Hasse [13, p. 60], in the case of real cyclic field K_n a sufficient condition for ψ to be the principal character is that the conductor f_n of K_n is decomposable. We say that f_n is decomposable if it can be decomposed into a product of two nontrivial relatively prime factors $f_n = f'f''$ so that in the decomposition of a generating character $\chi_n = \chi'\chi''$, where the conductors of χ' and χ'' are f' and f'' respectively, the characters χ' and χ'' are even.

We shall now examine, when the conductor f_6 of K_6 is decomposable. A generating character of K_6 is $\chi_6 = \chi_2\chi_3$. We recall from p. 6 that $f_3 = p_0p_1\cdots p_n$ or $9p_1\cdots p_n$ where p_i is a prime $\equiv 1 \mod 3$ ($i = 0,1,\ldots,n$) and $p_i \neq p_j$ ($i \neq j$). The number ϕ defined on p. 6 decomposes into a product

$$(83) \qquad \phi = \begin{cases} \pi_0'\pi_1'\cdots\pi_n' & \text{when } 3\nmid f_3 \\ 3\rho^\alpha\pi_1'\cdots\pi_n' & \text{when } 3\mid f_3 \end{cases}$$

where $\pi_i' = (a_i \pm b_i\sqrt{-3})/2$, $(a_i^2 + 3b_i^2)/4 = p_i$, $a_i \equiv 2 \mod 3$, $b_i > 0$, $b_i \equiv 0 \mod 3$ and $\alpha = \pm 1$. The character χ_3' defined by the equation

$$(84) \qquad \chi_3' = \begin{cases} \left(\dfrac{}{\pi_0'}\right)_3 \left(\dfrac{}{\pi_1'}\right)_3 \cdots \left(\dfrac{}{\pi_n'}\right)_3 & \text{when } 3\nmid f_3 \\ \left(\dfrac{}{\rho}\right)_3^\alpha \left(\dfrac{}{\pi_1'}\right)_3 \cdots \left(\dfrac{}{\pi_n'}\right)_3 & \text{when } 3\mid f_3 \end{cases}$$

is either χ_3 or $\bar{\chi}_3$ by the notation on p. 9. The values of the cubic residue symbol $\left(\dfrac{}{\pi_i'}\right)_3$ are obtained from the congruence

(85) $$\left(\frac{x}{\pi_i'}\right)_3 \equiv x^{(p_i-1)/3} \mod \pi_i'$$

and the values of the cubic residue symbol $\left(\frac{\rho}{x}\right)_3$ are obtained from the equation

(86) $$\left(\frac{\rho}{x}\right)_3 = \rho^{(x^2-1)/3}.$$

If a character χ_n decomposes into the product of two or more characters such that the conductors of these are relatively prime, we shall use for these characters the notation $\chi_{n,f}$ where f denotes the conductor of the character. So $\left(\frac{x}{\pi_i'}\right)_3 = \chi_{3,p_i}$ or $\bar{\chi}_{3,p_i}$ and $\left(\frac{\rho}{x}\right)_3 = \chi_{3,9}$ or $\bar{\chi}_{3,9}$. From (85) and (86) we see that the characters χ_{3,p_i} $(i = 0,1, \ldots, n)$ and $\chi_{3,9}$ are even. Thus, if $f_3 \nmid 3f_2$ we have $\chi_6 = (\chi_2 \chi_{3,k}) \chi_{3,f_3/k}$ where f_3/k and the conductor of $\chi_2 \chi_{3,k}$ are relatively prime and $f_3/k \neq 1$. Hence f_6 is decomposable if $f_3 \nmid 3f_2$. If $f_3 \mid 3f_2$, then f_6 is decomposable if and only if f_2 is decomposable.

The conductor f_2 of K_2 is of the form

(87) $$f_2 = \begin{cases} q_0 q_1 \cdots q_k & \text{if } f_2 \equiv 1 \mod 4 \\ 4q_1 \cdots q_k, \; q_1 \cdots q_k \equiv 3 \mod 4 & \text{if } f_2 \equiv 4 \mod 8 \\ 8q_1 \cdots q_k & \text{otherwise} \end{cases}$$

where the q_i are distinct odd primes. Let $\chi_{2,4}'$ and $\chi_{2,8}'$ be the characters defined for odd values of x as follows

(88) $$\chi_{2,4}'(x) = (-1)^{(x-1)/2},$$

(89) $$\chi_{2,8}'(x) = (-1)^{(x^2-1)/8}.$$

So the character χ_2 is

$$
(90) \quad \chi_2 = \begin{cases} \chi_{2,q_0} \chi_{2,q_1} \cdots \chi_{2,q_t} & \text{when } f_2 = q_0 q_1 \cdots q_t \equiv 1 \bmod 4 \\[4pt] \chi'_{2,4} \chi_{2,q_1} \cdots \chi_{2,q_t} & \text{when } f_2 = 4 q_1 \cdots q_t \text{ and} \\ & \quad q_1 \cdots q_t \equiv 3 \bmod 4 \\[4pt] \chi'_{2,8} \chi_{2,q_1} \cdots \chi_{2,q_t} & \text{when } f_2 = 8 q_1 \cdots q_t \text{ and} \\ & \quad q_1 \cdots q_t \equiv 1 \bmod 4 \\[4pt] \chi'_{2,8} \chi'_{2,4} \chi_{2,q_1} \cdots \chi_{2,q_t} & \text{when } f_2 = 8 q_1 \cdots q_t \text{ and} \\ & \quad q_1 \cdots q_t \equiv 3 \bmod 4 \end{cases}
$$

where χ_{2,q_i} is the Legendre symbol $\left(\dfrac{\cdot}{q_i}\right)$ ($i = 0, 1, \ldots, t$). The character χ_{2,q_i} is even if $q_i \equiv 1 \bmod 4$, and odd if $q_i \equiv 3 \bmod 4$. The character $\chi'_{2,4}$ is odd and $\chi'_{2,8}$ is even. Hence f_2 is decomposable except in the following cases:

$$
(91) \quad \begin{cases} 1) \ f_2 = q_0 \text{ where } q_0 \equiv 1 \bmod 4, \\ 2) \ f_2 = q_0 q_1 \text{ where } q_0, q_1 \equiv 3 \bmod 4, \\ 3) \ f_2 = 4 q_1 \text{ where } q_1 \equiv 3 \bmod 4, \\ 4) \ f_2 = 8, \\ 5) \ f_2 = 8 q_1 \text{ where } q_1 \equiv 3 \bmod 4. \end{cases}
$$

According to the preceding results, the cases in which f_6 is not decomposable, i.e. the cases in which $f_3 | 3 f_2$ and f_2 is not decomposable, are (by 1) we denote the decomposable case)

2) $f_6 = f_2 = f_3 = p_0$ where $p_0 \equiv 1 \bmod 12$,
3) $f_6 = f_2 = p_0 p_1$, $f_3 = p_0$ where $p_0 \equiv 7 \bmod 12$, $p_1 \equiv 3 \bmod 4$,
4) $f_6 = 9 p_1$, $f_2 = 3 p_1$, $f_3 = 9$ where $p_1 \equiv 3 \bmod 4$,
5) $f_6 = f_2 = f_3 = p_0 p_1$ where $p_0, p_1 \equiv 7 \bmod 12$,
6) $f_6 = 9 p_1$, $f_2 = 3 p_1$, $f_3 = 9 p_1$ where $p_1 \equiv 7 \bmod 12$,
7) $f_6 = f_2 = 4 p_0$, $f_3 = p_0$ where $p_0 \equiv 7 \bmod 12$,
8) $f_6 = 4 \cdot 9$, $f_2 = 4 \cdot 3$, $f_3 = 9$,
9) $f_6 = f_2 = 8 p_0$, $f_3 = p_0$ where $p_0 \equiv 7 \bmod 12$,
10) $f_6 = 8 \cdot 9$, $f_2 = 8 \cdot 3$, $f_3 = 9$.

The group H is

$$H = \{ x + f_6\mathbb{Z} \mid \chi_3(x) = 1, \chi_2(x) = 1 \}$$

[14, p. 5]. From p. 35 we recall that for any positive divisor d of f_6

$$H^{(d)} = \{ x + \frac{f_6}{d}\mathbb{Z} \mid x + f_6\mathbb{Z} \in H \}$$

and m(d) is the index of $H^{(d)}$ in $\Phi_{f_6/d}$. From p. 33 we recall that

$$\bar{H} = \{ x + 2f_6\mathbb{Z} \mid x + f_6\mathbb{Z} \in H, x \equiv 1 \bmod 2 \}.$$

For any positive divisor d of $2f_6$

$$\bar{H}^{(d)} = \{ x + \frac{2f_6}{d}\mathbb{Z} \mid x + 2f_6\mathbb{Z} \in \bar{H} \}$$

and $\bar{m}(d)$ is the index of $\bar{H}^{(d)}$ in $\Phi_{2f_6/d}$. We can take s, defined on p. 12, to be any odd integer such that $\chi_2(s) = -1$ and $\chi_3(s) = \rho$.

Theorem 15. Let d be any positive divisor of f_6. Then the group $\Phi_{f_6/d}/H^{(d)}$ is generated by $(s + (f_6/d)\mathbb{Z})H^{(d)}$, and

$$m(d) = \begin{cases} 6 & \text{if } d = 1 \\ 3 & \text{if } d \mid f_2', d > 1 \\ 2 & \text{if } d \mid f_3', d > 1 \\ 1 & \text{if } d \nmid f_2', d \nmid f_3' . \end{cases}$$

Proof. If $x + (f_6/d)\mathbb{Z} \in \Phi_{f_6/d}$ then $(x + jf_6/d, f_6) = 1$ for some j. Furthermore $x + jf_6/d + f_6\mathbb{Z} \in (s + f_6\mathbb{Z})^l H$ for some l. So $x + (f_6/d)\mathbb{Z} \in (s + (f_6/d)\mathbb{Z})^l H^{(d)}$, which proves the first statement. Hence m(d) is the least positive integer k such that $s^k + (f_6/d)\mathbb{Z} \in H^{(d)}$.

In the case d = 1 the assertion is trivial. Suppose that $d \mid f_2'$, d > 1. Since the conductor f_2 of χ_2 does not divide f_6/d there is an integer g such that $g \equiv 1 \bmod f_6/d$, $\chi_2(g) = -1$. So $\chi_2(s^3g) = 1$. Further $\chi_3(s^3g) = 1$ because f_3 does divide f_6/d. Therefore m(d) = 1 or 3. But $\chi_3(t) = \rho$ for every t satisfying $t \equiv s \bmod f_6/d$, whence m(d) = 3.

In the case $d|f_3'$, $d > 1$ the argument is similar. Suppose now that $d \nmid f_2'$, $d \nmid f_3'$. In this case neither f_2 nor f_3 divides f_6/d. There exist g and h such that $(gh, f_6) = 1$, $g \equiv 1 \bmod f_6/d$, $h \equiv 1 \bmod f_6/d$, $\chi_2(g) = -1$, $\chi_3(h) = \rho^{-e}$ ($e = 1$ or 2). We have $\chi_2(sg^3 h^{4e}) = \chi_3(sg^3 h^{4e}) = 1$. Hence $m(d) = 1$. □

Theorem 16. Let d be any positive divisor of $2f_6$. Then the group $\Phi_{2f_6/d}/\overline{H}^{(d)}$ is generated by $(s + (2f_6/d)\mathbb{Z})\overline{H}^{(d)}$, and

$$\overline{m}(d) = \begin{cases} 6 & \text{if } d \leq 2 \\ 3 & \text{if } d|2f_2', \ d > 2 \\ 2 & \text{if } d|2f_3', \ d > 2 \\ 1 & \text{if } d \nmid 2f_2', \ d \nmid 2f_3'. \end{cases}$$

Proof. Case 1. d odd. We shall now show that $\Phi_{2f_6/d}/\overline{H}^{(d)}$ is isomorphic to $\Phi_{f_6/d}/H^{(d)}$. The function $x + (2f_6/d)\mathbb{Z} \mapsto (x + (f_6/d)\mathbb{Z})H^{(d)}$ from $\Phi_{2f_6/d}$ into $\Phi_{f_6/d}/H^{(d)}$ is surjective, because we can choose an odd representative for $x + (f_6/d)\mathbb{Z} \in \Phi_{f_6/d}$. The kernel of the function is $\overline{H}^{(d)}$, because the following statements are equivalent for $(x, 2f_6) = 1$
(i) $x + (2f_6/d)\mathbb{Z}$ belongs to the kernel of the function,
(ii) $x + (f_6/d)\mathbb{Z} \in H^{(d)}$,
(iii) $x \equiv x' \bmod f_6/d$ for some x' such that $x' + f_6 \mathbb{Z} \in H$,
(iv) $x \equiv x'' \bmod 2f_6/d$ for some x'' such that $x'' + f_6 \mathbb{Z} \in H$,
(v) $x \equiv x'' \bmod 2f_6/d$ for some x'' such that $x'' + 2f_6 \mathbb{Z} \in \overline{H}$.
The result follows now from Theorem 15.

Case 2. d even. Using the equivalence of (iv) and (v) we have $\overline{H}^{(d)} = H^{(d/2)}$. Hence $\Phi_{2f_6/d}/\overline{H}^{(d)} = \Phi_{2f_6/d}/H^{(d/2)}$ and the result follows from Theorem 15. □

Next we shall determine the needed extensions of ψ and give Bergström's product formula in different cases. We shall need the following properties of Gaussian sums. If the conductors f' and f'' of the characters χ' and χ'' respectively are relatively prime, then

(92) $$\tau(\chi'\chi'') = \chi'(f'')\chi''(f')\tau(\chi')\tau(\chi'')$$

[15, p. 452]. If p is an odd prime $\equiv 1 \bmod 3$ and $\chi_{3,p} = \left(\frac{\cdot}{\pi}\right)_3$ where $\pi \in \mathbb{Z}[\rho]$, $\pi\bar{\pi} = p$, $\pi \equiv 1 \bmod 3$, then by [15, pp. 469, 480]

(93) $$\tau(\chi_{2,p}\chi_{3,p}) = -\frac{1}{p}\bar{\pi}\,\chi_{3,p}(2)\tau(\chi_{2,p})\tau(\chi_{3,p}).$$

Note that the number π in [15] satisfies $\pi \equiv 2 \bmod 3$ which causes the minus sign in (93). If $\chi_3 = \chi_3'$, defined in (84), then let $\pi_i = \pi_i'$, and if $\chi_3 = \bar{\chi}_3'$ then let $\pi_i = \bar{\pi}_i'$ $(i = 0, 1, \ldots, n)$.

<u>Case 1. f_6 is decomposable.</u> We recall from p. 37 that in this case ψ is the principal character. Hence the extensions of ψ to the group $\bar{\Phi}_{f_6}$ are χ_1, χ_2, χ_3, $\bar{\chi}_3$, $\chi_6 = \chi_2\chi_3$, $\bar{\chi}_6 = \chi_2\bar{\chi}_3$. The representation of $\tau(\chi_2\chi_3)$ by means of $\tau(\chi_2) = \sqrt{f_2}$ and $\tau(\chi_3) = (-1)^n(\theta + \rho\theta' + \rho^2\theta'')$ is as follows.

a) $3 \nmid f_*$. Now $\chi_2\chi_3 = \chi_{2,f_2'}\,\chi_{2,f_*}\,\chi_{3,f_*}\,\chi_{3,f_3'}$ and $(f_2', f_*) = (f_2', f_3') = (f_*, f_3') = 1$. So, according to (92) and (93),

$$\tau(\chi_2\chi_3) = \chi_{2,f_2'}(f_3)\chi_{2,f_*}(f_2'f_3')\chi_{3,f_*}(f_2'f_3')\chi_{3,f_3'}(f_2) \cdot$$
$$\tau(\chi_{2,f_2'})\tau(\chi_{2,f_*}\chi_{3,f_*})\tau(\chi_{3,f_3'})$$

$$= \frac{1}{f_*}\prod_{p_i | f_*}(-\bar{\pi}_i)\,\chi_2(f_3')\chi_3(f_2')\chi_{3,f_*}(2)\tau(\chi_2)\tau(\chi_3).$$

b) $3 | f_*$. Now $\chi_2\chi_3 = \chi_{2,f_2'}\,\chi_{2,f_*}\,\chi_{3,3f_*}\,\chi_{3,f_3'/3}$ and $(f_2', 3f_*) = (f_2', f_3'/3) = (3f_*, f_3'/3) = 1$. So

(94) $$\tau(\chi_2\chi_3) = \chi_{2,f_2'}(f_3)\chi_{2,f_*}(f_2'f_3'/3)\chi_{3,3f_*}(f_2'f_3'/3)\chi_{3,f_3'/3}(3f_2) \cdot$$
$$\tau(\chi_{2,f_2'})\tau(\chi_{2,f_*}\chi_{3,3f_*})\tau(\chi_{3,f_3'/3}).$$

Since $\tau(\chi_{2,3}\left(\frac{\rho}{\cdot}\right)_3) - \tau(\left(\frac{\rho}{\cdot}\right)_3) = -2(\rho\zeta_9^2 + \rho^2\zeta_9^5 + \zeta_9^8)$, $\zeta_9^3 = \rho$ and $\rho^2 + \rho + 1 = 0$, we have $\tau(\chi_{2,3}\left(\frac{\rho}{\cdot}\right)_3) = \tau(\left(\frac{\rho}{\cdot}\right)_3)$. Using the fact $\tau(\chi_{2,3}) = \sqrt{-3}$ we obtain

$$\tau(\chi_{2,3}\left(\frac{\rho}{\cdot}\right)_3) = -\frac{1}{3}\sqrt{-3}\,\tau(\chi_{2,3})\tau(\left(\frac{\rho}{\cdot}\right)_3).$$

So

(95) $$\tau(\chi_{2,3}\chi_{3,9}) = (-1)^\nu \frac{1}{3} \sqrt{-3} \, \tau(\chi_{2,3})\tau(\chi_{3,9})$$

where $\nu = 1$ if $\chi_{3,9} = \left(\frac{\rho}{\cdot}\right)_3$, and $\nu = 0$ if $\overline{\chi}_{3,9} = \left(\frac{\rho}{\cdot}\right)_3$. From (92), (93), (94) and (95) we have

$$\tau(\chi_2\chi_3) = (-1)^\nu \frac{1}{f_*} \sqrt{-3} \prod_{p_i | f_*/3} (-\overline{\pi}_i) \, \chi_2(f_3'/3) \chi_{2,f_2/3}^{(3)} \chi_3(f_2') \cdot$$

$$\chi_{3,f_*/3}^{(2)} \tau(\chi_2)\tau(\chi_3).$$

Let $\tau(\chi_2\chi_3) = \frac{1}{f_*} T\sqrt{f_2}\tau(\chi_3)$ in both cases. Then $\tau(\chi_2\overline{\chi}_3) = \frac{1}{f_*} \overline{T}\sqrt{f_2}\tau(\overline{\chi}_3)$. Bergström's product formula (81) is now

$$(96) \quad 6\xi = \mu(f_6) \sum_{x=0}^{5} A_{s^x} + 2 \sum_{\substack{d | f_2' \\ d > 1}} \mu(f_6/d) \sum_{x=0}^{2} A_{ds^x} + 3 \sum_{\substack{d | f_3' \\ d > 1}} \mu(f_6/d) \sum_{x=0}^{1} A_{ds^x}$$

$$+ 6 \sum_{\substack{d | f_6 \\ d \nmid f_2' \\ d \nmid f_3'}} \mu(f_6/d) A_d + \tau(\chi_3)\mu(f_2')\chi_3(f_2') \sum_{x=0}^{5} \rho^{2x} A_{s^x}$$

$$+ 2\tau(\chi_3) \sum_{\substack{d | f_2' \\ d > 1}} \mu(f_2'/d)\chi_3(f_2'/d) \sum_{x=0}^{2} \rho^{2x} A_{ds^x}$$

$$+ \tau(\overline{\chi}_3)\mu(f_2')\overline{\chi}_3(f_2') \sum_{x=0}^{5} \rho^x A_{s^x}$$

$$+ 2\tau(\overline{\chi}_3) \sum_{\substack{d | f_2' \\ d > 1}} \mu(f_2'/d)\overline{\chi}_3(f_2'/d) \sum_{x=0}^{2} \rho^x A_{ds^x}$$

$$+ \frac{1}{f_*} \sqrt{f_2} \left\{ f_* \mu(f_3')\chi_2(f_3') \sum_{x=0}^{5} (-1)^x A_{s^x} \right.$$

$$+ 3f_* \sum_{\substack{d | f_3' \\ d > 1}} \mu(f_3'/d)\chi_2(f_3'/d) \sum_{x=0}^{1} (-1)^x A_{ds^x}$$

$$\left. + T \, \tau(\chi_3) \sum_{x=0}^{5} (-\rho^2)^x A_{s^x} + \overline{T} \, \tau(\overline{\chi}_3) \sum_{x=0}^{5} (-\rho)^x A_{s^x} \right\}.$$

Case 2. $f_6 = f_2 = f_3 = p_0$ $(p_0 \equiv 1 \mod 12)$. Since f_6 is odd, $\overline{H}$ is isomorphic to H. Let r be a primitive root modulo p_0. Then

$$H = \{ r^x + p_0 \mathbb{Z} \mid \chi_3(r^x) = 1, \chi_2(r^x) = 1 \}$$
$$= \{ r^{6x} + p_0 \mathbb{Z} \mid x = 0, 1, \ldots, 2l-1 \}.$$

Thus H is cyclic. According to either Case 1 or Case 2b on p. 34, ψ is the quadratic character of H. Let χ_4 and $\overline{\chi}_4$ be the biquadratic characters, each of which has conductor p_0, and which are defined as follows

$$\chi_4(r) = i, \quad \overline{\chi}_4(r) = -i.$$

Since $\chi_4(r^6) = -1$ and $\overline{\chi}_4(r^6) = -1$, the characters χ_4 and $\overline{\chi}_4$ are extensions of ψ. Hence the extensions of ψ to the group $\overline{\Phi}_{p_0}$ are χ_4, $\overline{\chi}_4$, $\chi_4\chi_3$, $\overline{\chi}_4\chi_3$, $\chi_4\overline{\chi}_3$, $\overline{\chi}_4\overline{\chi}_3$. Between the Gaussian sums $\tau(\chi_4'\chi_3'')$, $\tau(\chi_4')$, $\tau(\chi_3'')$, where $\chi_4' = \chi_4$ or $\overline{\chi}_4$ and $\chi_3'' = \chi_3$ or $\overline{\chi}_3$, there is a relation

$$\tau(\chi_4'\chi_3'') = \frac{1}{p_0} \overline{\pi}(\chi_4', \chi_3'') \tau(\chi_4') \tau(\chi_3'')$$

where $\pi(\chi_4', \chi_3'') = \sum_{\substack{x,y \in \mathbb{Z} \\ 2 \leq x \leq p_0-1 \\ x+y=1}} \chi_4'(x)\chi_3''(y)$ [15, pp. 462, 463]. From formula (81) we now get

$$(97) \quad 6\xi = \frac{1}{p_0} \tau(\chi_4) \left\{ p_0 \sum_{x=0}^{5} \overline{\chi}_4(s^x) A_{sx} + \overline{\pi}(\chi_4, \chi_3)\tau(\chi_3) \sum_{x=0}^{5} \overline{\chi}_4(s^x) \rho^{2x} A_{sx} \right.$$
$$\left. + \overline{\pi}(\chi_4, \overline{\chi}_3)\tau(\overline{\chi}_3) \sum_{x=0}^{5} \overline{\chi}_4(s^x) \rho^x A_{sx} \right\}$$
$$+ \frac{1}{p_0}\tau(\overline{\chi}_4) \left\{ p_0 \sum_{x=0}^{5} \chi_4(s^x) A_{sx} + \overline{\pi}(\overline{\chi}_4, \chi_3)\tau(\chi_3) \sum_{x=0}^{5} \chi_4(s^x) \rho^{2x} A_{sx} \right.$$
$$\left. + \overline{\pi}(\overline{\chi}_4, \overline{\chi}_3)\tau(\overline{\chi}_3) \sum_{x=0}^{5} \chi_4(s^x) \rho^x A_{sx} \right\}.$$

Case 3. $f_6 = f_2 = p_0 p_1$, $f_3 = p_0$ $(p_0 \equiv 7 \mod 12, p_1 \equiv 3 \mod 4)$. Since f_6 and $1 = (p_0-1)(p_1-1)/12$ are odd, ψ is the quadratic character of H, according to Case 1 on p. 34. The characters χ_{2,p_0}, χ_{2,p_1}, $\chi_{2,p_0}\chi_3$,

$\chi_{2,p_0}\bar{\chi}_3$, $\chi_{2,p_1}\chi_3$, $\chi_{2,p_1}\bar{\chi}_3$ are odd. Hence they are the extensions of ψ to the group Φ_{f_6}. The Gaussian sums for these are

$$\tau(\chi_{2,p_j}) = i\sqrt{p_j} \quad (j = 0,1),$$

$$\tau(\chi_{2,p_0}\chi) = -i\frac{1}{p_0}\pi\chi(2)\sqrt{p_0}\tau(\chi) \quad ((\chi,\pi) = (\chi_3,\bar{\pi}_0), (\bar{\chi}_3,\pi_0)),$$

$$\tau(\chi_{2,p_1}\chi) = i\chi_{2,p_1}(p_0)\chi(p_1)\sqrt{p_1}\tau(\chi) \quad (\chi = \chi_3, \bar{\chi}_3).$$

Bergström's product formula (81) is now

$$(98) \quad 6\xi = i\sqrt{p_1}\Big\{\tau(\chi_3)\chi_{2,p_1}(p_0)\chi_3(p_1)\sum_{x=0}^{5}\chi_{2,p_1}(s^x)\rho^{2x}A_{s^x}$$

$$+ \tau(\bar{\chi}_3)\chi_{2,p_1}(p_0)\bar{\chi}_3(p_1)\sum_{x=0}^{5}\chi_{2,p_1}(s^x)\rho^{x}A_{s^x}$$

$$- \chi_{2,p_1}(p_0)\sum_{x=0}^{5}\chi_{2,p_1}(s^x)A_{s^x} + 6A_{p_0}\Big\}$$

$$+ i\frac{\sqrt{p_0}}{p_0}\Big\{\tau(\chi_3)\,\bar{\pi}_0\,\chi_3(2p_1)\chi_{2,p_0}(p_1)\sum_{x=0}^{5}\chi_{2,p_0}(s^x)\rho^{2x}A_{s^x}$$

$$- 2\tau(\chi_3)\,\bar{\pi}_0\,\chi_3(2)\sum_{x=0}^{2}\chi_{2,p_0}(s^x)\rho^{2x}A_{p_1 s^x}$$

$$+ \tau(\bar{\chi}_3)\,\pi_0\,\bar{\chi}_3(2p_1)\chi_{2,p_0}(p_1)\sum_{x=0}^{5}\chi_{2,p_0}(s^x)\rho^{x}A_{s^x}$$

$$- 2\tau(\bar{\chi}_3)\,\pi_0\,\bar{\chi}_3(2)\sum_{x=0}^{2}\chi_{2,p_0}(s^x)\rho^{x}A_{p_1 s^x}$$

$$- p_0\,\chi_{2,p_0}(p_1)\sum_{x=0}^{5}\chi_{2,p_0}(s^x)A_{s^x} + 2p_0\sum_{x=0}^{2}\chi_{2,p_0}(s^x)A_{p_1 s^x}\Big\}.$$

<u>Case 4.</u> $f_6 = 9p_1$, $f_2 = 3p_1$, $f_3 = 9$ ($p_1 \equiv 3 \mod 4$). As in Case 3, $\chi_{2,3}$, χ_{2,p_1}, $\chi_{2,3}\chi_3$, $\chi_{2,3}\bar{\chi}_3$, $\chi_{2,p_1}\chi_3$, $\chi_{2,p_1}\bar{\chi}_3$ are the extensions of ψ to the group Φ_{f_6}. In this case

$$\tau(\chi_{2,3}) = i\sqrt{3}, \quad \tau(\chi_{2,p_1}) = i\sqrt{p_1}.$$

From (95) we have

$$\tau(\chi_{2,3}\chi) = (-1)^{\nu+1}\delta\tau(\chi) \quad ((\chi,\delta) = (\chi_3,1), (\bar{\chi}_3,-1))$$

where $\nu = 1$ if $\chi_3 = \left(\frac{\rho}{\cdot}\right)_3$ and $\nu = 0$ if $\bar{\chi}_3 = \left(\frac{\rho}{\cdot}\right)_3$. Furthermore

$$\tau(\chi_{2,p_1}\chi) = i\,\chi(p_1)\,\sqrt{p_1}\,\tau(\chi) \quad (\chi = \chi_3, \bar{\chi}_3).$$

From formula (81) we now obtain

$$(99) \quad 6\xi = i\sqrt{p_1}\left\{\tau(\chi_3)\chi_3(p_1)\sum_{x=0}^{5}\chi_{2,p_1}(s^x)\rho^{2x}A_{s^x}\right.$$

$$+ \tau(\bar{\chi}_3)\bar{\chi}_3(p_1)\sum_{x=0}^{5}\chi_{2,p_1}(s^x)\rho^x A_{s^x}$$

$$- 3\chi_{2,p_1}(3)\sum_{x=0}^{1}\chi_{2,p_1}(s^x)A_{3s^x} + 6A_9\bigg\}$$

$$+ i\,\frac{1}{3}\sqrt{3}\bigg\{(-1)^{\nu+1}\tau(\chi_3)\sqrt{-3}\,\chi_3(p_1)\chi_{2,3}(p_1)\sum_{x=0}^{5}\chi_{2,3}(s^x)\rho^{2x}A_{s^x}$$

$$+ (-1)^{\nu}\,2\tau(\chi_3)\sqrt{-3}\sum_{x=0}^{2}\chi_{2,3}(s^x)\rho^{2x}A_{p_1s^x}$$

$$+ (-1)^{\nu}\,\tau(\bar{\chi}_3)\sqrt{-3}\,\bar{\chi}_3(p_1)\chi_{2,3}(p_1)\sum_{x=0}^{5}\chi_{2,3}(s^x)\rho^x A_{s^x}$$

$$+ (-1)^{\nu+1}\,2\tau(\bar{\chi}_3)\sqrt{-3}\sum_{x=0}^{2}\chi_{2,3}(s^x)\rho^x A_{p_1s^x}$$

$$- 9\chi_{2,3}(p_1)\sum_{x=0}^{1}\chi_{2,3}(s^x)A_{3s^x} + 18A_{3p_1}\bigg\}.$$

Case 5. $f_6 = f_2 = f_3 = p_0 p_1$ $(p_0, p_1 \equiv 7 \bmod 12)$.

The characters χ_{2,p_0}, χ_{2,p_1}, $\chi_{2,p_0}\chi_3$, $\chi_{2,p_0}\bar{\chi}_3$, $\chi_{2,p_1}\chi_3$, $\chi_{2,p_1}\bar{\chi}_3$ are the extensions of ψ to the group Φ_{f_6} as in Case 3. Now

$$\tau(\chi_{2,p_j}) = i\sqrt{p_j} \quad (j = 0,1),$$

$$\tau(\chi_{2,p_j}\chi_3) = -i\,\frac{1}{p_j}\,\bar{\pi}_j\,\chi_{3,p_j}(2)\,\chi_{2,p_j}(f_2/p_j)\sqrt{p_j}\,\tau(\chi_3) \quad (j = 0,1),$$

$$\tau(\chi_{2,p_j}\bar{\chi}_3) = -i\,\frac{1}{p_j}\,\pi_j\,\bar{\chi}_{3,p_j}(2)\,\chi_{2,p_j}(f_2/p_j)\sqrt{p_j}\,\tau(\bar{\chi}_3) \quad (j = 0,1).$$

Bergström's product formula (81) is now

(100) $6\xi = i \frac{1}{p_0} \sqrt{p_0} \Big\{ - \tau(\chi_3) \bar{\pi}_0 X_{2,p_0}(p_1) X_{3,p_0}(2) \sum_{x=0}^{5} X_{2,p_0}(s^x) \rho^{2x} A_{s^x}$

$\qquad - \tau(\bar{\chi}_3) \pi_0 X_{2,p_0}(p_1) \bar{X}_{3,p_0}(2) \sum_{x=0}^{5} X_{2,p_0}(s^x) \rho^{x} A_{s^x}$

$\qquad - p_0 X_{2,p_0}(p_1) \sum_{x=0}^{5} X_{2,p_0}(s^x) A_{s^x} + 6 p_0 A_{p_1} \Big\}$

$\qquad + i \frac{1}{p_1} \sqrt{p_1} \Big\{ - \tau(\chi_3) \bar{\pi}_1 X_{2,p_1}(p_0) X_{3,p_1}(2) \sum_{x=0}^{5} X_{2,p_1}(s^x) \rho^{2x} A_{s^x}$

$\qquad - \tau(\bar{\chi}_3) \pi_1 X_{2,p_1}(p_0) \bar{X}_{3,p_1}(2) \sum_{x=0}^{5} X_{2,p_1}(s^x) \rho^{x} A_{s^x}$

$\qquad - p_1 X_{2,p_1}(p_0) \sum_{x=0}^{5} X_{2,p_1}(s^x) A_{s^x} + 6 p_1 A_{p_0} \Big\}$.

<u>Case 6.</u> $f_6 = 9p_1$, $f_2 = 3p_1$, $f_3 = 9p_1$ ($p_1 \equiv 7 \mod 12$).
Also in this case $X_{2,3}$, X_{2,p_1}, $X_{2,3}\chi_3$, $X_{2,3}\bar{\chi}_3$, $X_{2,p_1}\chi_3$, $X_{2,p_1}\bar{\chi}_3$ are the extensions of ψ to the group Φ_{f_6}. The Gaussian sums for these are

$$\tau(X_{2,3}) = i\sqrt{3}, \quad \tau(X_{2,p_1}) = i\sqrt{p_1},$$

$$\tau(X_{2,3}\chi) = (-1)^{\nu+1} \delta \tau(\chi) \quad ((\chi,\delta) = (\chi_3, 1), (\bar{\chi}_3, -1)),$$

$$\tau(X_{2,p_1}\chi_3) = -i \frac{1}{p_1} \bar{\pi}_1 X_{3,p_1}(2) \sqrt{p_1} \tau(\chi_3),$$

$$\tau(X_{2,p_1}\bar{\chi}_3) = -i \frac{1}{p_1} \pi_1 \bar{X}_{3,p_1}(2) \sqrt{p_1} \tau(\bar{\chi}_3)$$

where ν is the number in (95). Now formula (81) becomes

(101) $6\xi = i \frac{1}{3} \sqrt{3} \Big\{ (-1)^{\nu} \tau(\chi_3) \sqrt{-3} \sum_{x=0}^{5} X_{2,3}(s^x) \rho^{2x} A_{s^x}$

$\qquad + (-1)^{\nu+1} \tau(\bar{\chi}_3) \sqrt{-3} \sum_{x=0}^{5} X_{2,3}(s^x) \rho^{x} A_{s^x}$

$\qquad - 9 \sum_{x=0}^{1} X_{2,3}(s^x) A_{3s^x} + 18 A_{3p_1} \Big\}$

$$+ i \frac{1}{p_1} \sqrt{p_1} \left\{ - \tau(\chi_3) \bar{\pi}_1 \chi_{3,p_1}(2) \sum_{x=0}^{5} \chi_{2,p_1}(s^x) \rho^{2x} A_{s^x} \right.$$

$$- \tau(\bar{\chi}_3) \pi_1 \bar{\chi}_{3,p_1}(2) \sum_{x=0}^{5} \chi_{2,p_1}(s^x) \rho^x A_{s^x}$$

$$\left. + 3p_1 \sum_{x=0}^{1} \chi_{2,p_1}(s^x) A_{3s^x} + 6p_1 A_9 \right\}.$$

<u>Case 7. $f_6 = f_2 = 4p_0$, $f_3 = p_0$ ($p_0 \equiv 7 \mod 12$).</u> Since f_6 is even and $1 = (p_0-1)/6$ is odd, ψ is the quadratic character of $\bar{H}_{-1-f_6}$, according to Case 3 on p. 34. The character $\chi'_{2,8}$ defined in (89) is even. The characters $\chi_{2,4}$ and χ_{2,p_0} are odd. Hence $\chi'_{2,8}\chi_{2,4}$, $\chi'_{2,8}\chi_{2,p_0}$, $\chi'_{2,8}\chi_{2,4}\chi_3$, $\chi'_{2,8}\chi_{2,4}\bar{\chi}_3$, $\chi'_{2,8}\chi_{2,p_0}\chi_3$, $\chi'_{2,8}\chi_{2,p_0}\bar{\chi}_3$ are quadratic characters of $\bar{H}$. Since $\chi'_{2,8}(-1-4p_0) = \chi'_{2,8}(3) = -1$, these characters are the extensions of ψ to the group $\bar{\Phi}_{2f_6}$. The Gaussian sums for these are

$$\tau(\chi'_{2,8}\chi_{2,4}) = i \, 2\sqrt{2}, \quad \tau(\chi'_{2,8}\chi_{2,p_0}) = i \, 2\sqrt{2p_0},$$

$$\tau(\chi'_{2,8}\chi_{2,4}\chi) = - i \, \chi'_{2,8}(p_0) \, 2\sqrt{2} \, \tau(\chi) \quad (\chi = \chi_3, \bar{\chi}_3),$$

$$\tau(\chi'_{2,8}\chi_{2,p_0}\chi) = - i \, \frac{1}{p_0} \pi \chi(2) \, 2\sqrt{2p_0} \, \tau(\chi) \quad ((\chi,\pi) = (\chi_3, \bar{\pi}_0), (\bar{\chi}_3, \pi_0)).$$

From Bergström's product formula (82) we now obtain

$$(102) \quad 6\xi = i \, 2\sqrt{2} \left\{ - \tau(\chi_3) \chi'_{2,8}(p_0) \sum_{x=0}^{5} \chi'_{2,8}(s^x) \chi_{2,4}(s^x) \rho^{2x} A_{s^x} \right.$$

$$- \tau(\bar{\chi}_3) \chi'_{2,8}(p_0) \sum_{x=0}^{5} \chi'_{2,8}(s^x) \chi_{2,4}(s^x) \rho^x A_{s^x}$$

$$\left. + \chi'_{2,8}(p_0) \sum_{x=0}^{5} \chi'_{2,8}(s^x) \chi_{2,4}(s^x) A_{s^x} + 6 A_{p_0} \right\}$$

$$+ i \frac{2}{p_0} \sqrt{2p_0} \left\{ - \tau(\chi_3) \bar{\pi}_0 \chi_3(2) \sum_{x=0}^{5} \chi'_{2,8}(s^x) \chi_{2,p_0}(s^x) \rho^{2x} A_{s^x} \right.$$

$$- \tau(\bar{\chi}_3) \pi_0 \bar{\chi}_3(2) \sum_{x=0}^{5} \chi'_{2,8}(s^x) \chi_{2,p_0}(s^x) \rho^x A_{s^x}$$

$$+ p_0 \sum_{x=0}^{5} \chi'_{2,8}(s^x) \chi_{2,p_0}(s^x) A_{s^x} \Big\}.$$

Case 8. $f_6 = 4 \cdot 9$, $f_2 = 4 \cdot 3$, $f_3 = 9$. As in Case 7 the characters $\chi'_{2,8}\chi_{2,4}$, $\chi'_{2,8}\chi_{2,3}$, $\chi'_{2,8}\chi_{2,4}\chi_3$, $\chi'_{2,8}\chi_{2,4}\bar{\chi}_3$, $\chi'_{2,8}\chi_{2,3}\chi_3$, $\chi'_{2,8}\chi_{2,3}\bar{\chi}_3$ are the extensions of ψ to the group Φ_{2f_6}. Now

$$\tau(\chi'_{2,8}\chi_{2,4}) = i\, 2\sqrt{2}, \quad \tau(\chi'_{2,8}\chi_{2,3}) = i\, 2\sqrt{6},$$

$$\tau(\chi'_{2,8}\chi_{2,4}\chi) = i\, 2\sqrt{2}\, \tau(\chi) \quad (\chi = \chi_3,\ \bar{\chi}_3),$$

$$\tau(\chi'_{2,8}\chi_{2,3}\chi) = (-1)^\nu \delta\, 2\sqrt{2}\, \tau(\chi) \quad ((\chi,\delta) = (\chi_3,1),\ (\bar{\chi}_3,-1))$$

where ν is the number in (95). Formula (82) is now

$$(103) \quad 6\xi = i\, 2\sqrt{2} \left\{ \tau(\chi_3) \sum_{x=0}^{5} \chi'_{2,8}(s^x) \chi_{2,4}(s^x) \rho^{2x} A_{s^x} \right.$$

$$+ \tau(\bar{\chi}_3) \sum_{x=0}^{5} \chi'_{2,8}(s^x) \chi_{2,4}(s^x) \rho^x A_{s^x}$$

$$\left. - 3 \sum_{x=0}^{1} \chi'_{2,8}(s^x) \chi_{2,4}(s^x) A_{3s^x} + 6 A_9 \right\}$$

$$+ i\, \tfrac{2}{3}\sqrt{6} \left\{ (-1)^{\nu+1} \tau(\chi_3) \sqrt{-3} \sum_{x=0}^{5} \chi'_{2,8}(s^x) \chi_{2,3}(s^x) \rho^{2x} A_{s^x} \right.$$

$$+ (-1)^{\nu} \tau(\bar{\chi}_3) \sqrt{-3} \sum_{x=0}^{5} \chi'_{2,8}(s^x) \chi_{2,3}(s^x) \rho^x A_{s^x}$$

$$\left. + 9 \sum_{x=0}^{1} \chi'_{2,8}(s^x) \chi_{2,3}(s^x) A_{3s^x} \right\}$$

Case 9. $f_6 = f_2 = 8p_0$, $f_3 = p_0$ ($p_0 \equiv 7 \bmod 12$). In this case f_6 and $1 = (p_0-1)/3$ are even. Now $\#\bar{H}_{-1} = 21 = 4(p_0-1)/6$ where $(p_0-1)/6$ is odd. The residue class $2p_0 - 1 + 16p_0\mathbb{Z}$ belongs to $\bar{H}$, for $\chi_3(2p_0-1) = \chi_3(-1) = 1$ and $\chi_2(2p_0-1) = \chi'_{2,8}(2p_0-1)\chi'_{2,4}(2p_0-1) \cdot \chi_{2,p_0}(2p_0-1) = \chi'_{2,8}(5)\chi'_{2,4}(1)\chi_{2,p_0}(-1) = 1$. Since $(2p_0-1)^4 \equiv 8p_0(3p_0-1) + 1 \equiv 1 \bmod 16p_0$ and $(2p_0-1)^2 = 4p_0(p_0-1) + 1 \not\equiv \pm 1 \bmod 16p_0$, the 2-Sylow subgroup of $\bar{H}_{-1}$ is cyclic. According to Case 4b on p. 35, ψ is the quadratic character of $\bar{H}_{-1}$. The characters $\chi'_{2,8}$, $\chi'_{2,4}\chi_{2,p_0}$, $\chi'_{2,8}\chi_3$, $\chi'_{2,8}\bar{\chi}_3$, $\chi'_{2,4}\chi_{2,p_0}\chi_3$, $\chi'_{2,4}\chi_{2,p_0}\bar{\chi}_3$ are quadratic characters of H. Since they are also even, they are the extensions of ψ to the group Φ_{f_6}. The Gaussian sums are

$$\tau(\chi'_{2,8}) = 2\sqrt{2}, \quad \tau(\chi'_{2,4}\chi_{2,p_0}) = 2\sqrt{p_0},$$

$$\tau(\chi'_{2,8}\chi) = \chi'_{2,8}(p_0) \, 2\sqrt{2} \, \tau(\chi) \quad (\chi = \chi_3, \bar{\chi}_3),$$

$$\tau(\chi'_{2,4}\chi_{2,p_0}\chi) = -\frac{1}{p_0} \pi \, 2\sqrt{p_0} \, \tau(\chi) \quad ((\chi,\pi) = (\chi_3, \bar{\pi}_0), (\bar{\chi}_3, \pi_0))$$

and Bergström's product formula (81) becomes

$$(104) \quad 6\xi = 2\sqrt{2} \left\{ \tau(\chi_3)\chi'_{2,8}(p_0) \sum_{x=0}^{5} \chi'_{2,8}(s^x)\rho^{2x} A_{s^x} \right.$$

$$+ \tau(\bar{\chi}_3)\chi'_{2,8}(p_0) \sum_{x=0}^{5} \chi'_{2,8}(s^x)\rho^x A_{s^x}$$

$$\left. - \chi'_{2,8}(p_0) \sum_{x=0}^{5} \chi'_{2,8}(s^x) A_{s^x} + 6A_{p_0} \right\}$$

$$+ \frac{2}{p_0}\sqrt{p_0} \left\{ -2\tau(\chi_3)\bar{\pi}_0 \sum_{x=0}^{2} \chi'_{2,4}(s^x)\chi_{2,p_0}(s^x) \rho^{2x} A_{2s^x} \right.$$

$$- 2\tau(\bar{\chi}_3)\pi_0 \sum_{x=0}^{2} \chi'_{2,4}(s^x)\chi_{2,p_0}(s^x) \rho^x A_{2s^x}$$

$$\left. + 2p_0 \sum_{x=0}^{2} \chi'_{2,4}(s^x)\chi_{2,p_0}(s^x) A_{2s^x} \right\}.$$

<u>Case 10.</u> $f_6 = 8 \cdot 9$, $f_2 = 8 \cdot 3$, $f_3 = 9$. The group $\bar{H}_{-1}$ is cyclic, because the order of $(19 + 144\mathbb{Z})\langle -1 + 144\mathbb{Z} \rangle \in \bar{H}_{-1}$ is 4 and $\#\bar{H}_{-1} = 4$. According to Case 4b on p. 35, ψ is the quadratic character of $\bar{H}_{-1}$. The characters $\chi'_{2,8}$, $\chi'_{2,4}\chi_{2,3}$, $\chi'_{2,8}\chi_3$, $\chi'_{2,8}\bar{\chi}_3$, $\chi'_{2,4}\chi_{2,3}\chi_3$, $\chi'_{2,4}\chi_{2,3}\bar{\chi}_3$ are the extensions of ψ to the group Φ_{f_6} as in Case 9. The Gaussian sums of these are

$$\tau(\chi'_{2,8}) = 2\sqrt{2}, \quad \tau(\chi'_{2,4}\chi_{2,3}) = 2\sqrt{3},$$

$$\tau(\chi'_{2,8}\chi) = 2\sqrt{2} \, \tau(\chi) \quad (\chi = \chi_3, \bar{\chi}_3),$$

$$\tau(\chi'_{2,4}\chi_{2,3}\chi) = (-1)^{\nu+1} \delta \chi(4) 2i \tau(\chi) \quad ((\chi,\delta) = (\chi_3,1), (\bar{\chi}_3,-1))$$

where ν is the number in (95). Now from formula (81) we get

$$(105) \quad 6\xi = 2\sqrt{2}\left\{\tau(\chi_3)\sum_{x=0}^{5}\chi'_{2,8}(s^x)\rho^{2x}A_{s^x} + \tau(\bar{\chi}_3)\sum_{x=0}^{5}\chi'_{2,8}(s^x)\rho^x A_{s^x}\right.$$

$$\left. + 3\sum_{x=0}^{1}\chi'_{2,8}(s^x)A_{3s^x} + 6A_9\right\}$$

$$+ \tfrac{2}{3}\sqrt{3}\left\{(-1)^{\nu+1} 2\tau(\chi_3)\chi_3(4)\sqrt{-3}\sum_{x=0}^{2}\chi'_{2,4}(s^x)\chi_{2,3}(s^x)\rho^{2x}A_{2s^x}\right.$$

$$+ (-1)^{\nu} 2\tau(\bar{\chi}_3)\bar{\chi}_3(4)\sqrt{-3}\sum_{x=0}^{2}\chi'_{2,4}(s^x)\chi_{2,3}(s^x)\rho^x A_{2s^x}$$

$$\left. + 18A_6\right\}.$$

Combining the definition of ξ_A on p. 16 and results on pp. 42 - 51 we get the following equivalent conditions:

(i)   Case 1 holds,

(ii) f_6 is decomposable,

(iii) ψ is principal,

(iv) $\xi \in K_6$,

(v) $\xi_A = \xi$,

(vi)   either $f_3 | 3f_2$ and f_2 does not have any of the forms (91) or $f_3 \nmid 3f_2$.

7. Formulas for computing ξ_A

Since $\tau(\chi_3) = (-1)^n(\theta + \rho\theta' + \rho^2\theta'')$ and $\tau(\overline{\chi}_3) = (-1)^n(\theta + \rho^2\theta' + \rho\theta'')$, we have

(106) $$\tau(\chi_3) + \tau(\overline{\chi}_3) = (-1)^n(-S_{3/1}(\theta) + 3\theta),$$

(107) $$\rho\tau(\chi_3) + \rho^2\tau(\overline{\chi}_3) = (-1)^n(2S_{3/1}(\theta) - 3\theta - 3\theta'),$$

(108) $$\rho^2\tau(\chi_3) + \rho\tau(\overline{\chi}_3) = (-1)^n(-S_{3/1}(\theta) + 3\theta')$$

where $S_{3/1}(\theta) = -1$ if $3 \nmid f_3$, and $S_{3/1}(\theta) = 0$ if $3 \mid f_3$. Using these equations and the equation

(109) $$\frac{c + d\sqrt{-3}}{2} = \frac{c+d}{2} + d\rho$$

we obtain in Case 1 on p. 42 the co-ordinates of $\xi_A = \xi$. In other cases $\xi_A = \eta$. We shall now give in each of these cases a formula from which the co-ordinates of η can be calculated. The notation S will be used for the automorphism of $Q(\zeta_{2f_6})$ induced by $\zeta_{2f_6} \mapsto \zeta_{2f_6}^S$.

In Case 2 on p. 44 Bergström's product formula is of the form

(110) $$6p_0\xi = \tau(\chi_4)(\alpha + i\beta) + \tau(\overline{\chi}_4)(\alpha - i\beta)$$

where $\alpha, \beta \in \mathcal{O}_3$ and the co-ordinates of α and β can be calculated using the equations (106) - (109). In the automorphism S the image of

$$\tau(\chi_4) + \tau(\overline{\chi}_4) = 2\sum_{\chi_4(x)=1} \zeta_{p_0}^x + 2\sum_{\chi_4(x)=-1} (-\zeta_{p_0}^x)$$

is

$$\chi_4(s)^{-1}\left\{ 2\sum_{\chi_4(x)=\chi_4(s)} \chi_4(x)\zeta_{p_0}^x + 2\sum_{\chi_4(x)=-\chi_4(s)} \chi_4(x)\zeta_{p_0}^x \right\} =$$

$$(-1)^\nu i(\tau(\chi_4) - \tau(\overline{\chi}_4))$$

where $\nu \in \{0,1\}$ is determined by $\chi_4(s) = (-1)^{\nu+1} i$. Further the image of

$$i(\tau(\chi_4) - \tau(\bar{\chi}_4)) = 2 \sum_{\chi_4(x)=i} (-\zeta_{p_0}^x) + 2 \sum_{\chi_4(x)=-i} \zeta_{p_0}^x$$

is

$$2 \sum_{\chi_4(x)=i} (-\zeta_{p_0}^{sx}) + 2 \sum_{\chi_4(x)=-i} \zeta_{p_0}^{sx} = (-1)^{\nu+1}(\tau(\chi_4) + \tau(\bar{\chi}_4)).$$

Hence

$$6 p_0 \xi' = (-1)^{\nu+1} \{(\tau(\chi_4) + \tau(\bar{\chi}_4))\beta' - i(\tau(\chi_4) - \tau(\bar{\chi}_4))\alpha'\}.$$

Put $\pi(\chi_4, \chi_2) = \sum_{\substack{x,y \in \mathbb{Z} \\ 2 \leq x \leq p_0-1 \\ x+y=1}} \chi_4(x)\chi_2(y) = A + Bi$. Then

$$A^2 + B^2 = p_0,$$

$$\tau(\chi_4)^2 = \chi_2(2)\pi(\chi_4,\chi_2)\tau(\chi_2) = (-1)^{(p_0-1)/4}(A + Bi)\sqrt{p_0},$$

$$\tau(\bar{\chi}_4)^2 = \chi_2(2)\pi(\bar{\chi}_4,\chi_2)\tau(\chi_2) = (-1)^{(p_0-1)/4}(A - Bi)\sqrt{p_0},$$

$$\tau(\chi_4)\tau(\bar{\chi}_4) = \chi_4(-1)p_0 = (-1)^{(p_0-1)/4} p_0$$

[15, p. 466], from which it follows that

(111) $$(\tau(\chi_4) + \tau(\bar{\chi}_4))^2 = (-1)^{(p_0-1)/4} 2(A\sqrt{p_0} + p_0),$$

(112) $$(\tau(\chi_4) + \tau(\bar{\chi}_4))(\tau(\chi_4) - \tau(\bar{\chi}_4)) = (-1)^{(p_0-1)/4} 2Bi\sqrt{p_0}.$$

Using (111) and (112) we obtain deleting the insignificant sign

$$\eta = \frac{(A\sqrt{p_0} + p_0)\alpha - B\sqrt{p_0}\beta}{(A\sqrt{p_0} + p_0)\beta' + B\sqrt{p_0}\alpha'}$$

whence

(113) $$\eta = \{B(\beta'^2 - \alpha'^2) - 2A\alpha'\beta'\}^{-1}\{B(\alpha\beta' + \alpha'\beta) + A(\beta\beta' - \alpha\alpha') - (\alpha\alpha' + \beta\beta')\sqrt{m}\}.$$

In Cases 3 - 6 Bergström's product formula is of the form

(114) $$6f_*\xi = i\sqrt{p_0}\alpha + i\sqrt{p_1}\beta$$

where the co-ordinates of $\alpha, \beta \in \mathcal{O}_3$ can be calculated using the equations (106) - (109), and $p_0 p_1 = f_2$. In the automorphism S $i\sqrt{p_0} \mapsto (-1)^\kappa i\sqrt{p_0}$ and $i\sqrt{p_1} \to (-1)^{\kappa+1} i\sqrt{p_1}$ where $\kappa = 0$ or 1, because $\chi_2(s) = \chi_{2,p_0}(s)\chi_{2,p_1}(s) = -1$. Now

$$\eta = \frac{\sqrt{p_0}\alpha + \sqrt{p_1}\beta}{\sqrt{p_0}\alpha' - \sqrt{p_1}\beta'}$$

from which it follows that

(115) $$\eta = (p_0\alpha'^2 - p_1\beta'^2)^{-1}\{p_0\alpha\alpha' + p_1\beta\beta' + (\alpha\beta' + \alpha'\beta)\sqrt{m}\}.$$

Correspondingly we obtain η in Cases 9 and 10, in which

(116) $$6f_*\xi = 2\sqrt{2}\alpha + 2\sqrt{p_0}\beta$$

where $\alpha, \beta \in \mathcal{O}_3$. Then

(117) $$\eta = (2\alpha'^2 - p_0\beta'^2)^{-1}\{2\alpha\alpha' + p_0\beta\beta' + (\alpha\beta' + \alpha'\beta)\sqrt{m}\}.$$

In Cases 7 and 8 Bergström's product formula is of the form

(118) $$6f_*\xi = i2\sqrt{2}\alpha + i2\sqrt{2p_0}\beta$$

where $\alpha, \beta \in \mathcal{O}_3$, $i2\sqrt{2} = \tau(\chi'_{2,8}\chi_{2,4})$ and $i2\sqrt{2p_0} = \tau(\chi'_{2,8}\chi_{2,p_0})$. Since $\chi_2(s) = \chi_{2,4}(s)\chi_{2,p_0}(s) = -1$, we have $\chi'_{2,8}(s)\chi_{2,4}(s) = -\chi'_{2,8}(s)\chi_{2,p_0}(s)$. So in the automorphism S $i2\sqrt{2} \mapsto (-1)^\kappa i2\sqrt{2}$ and $i2\sqrt{2p_0} \mapsto (-1)^{\kappa+1} i2\sqrt{2p_0}$. Hence we have

(119) $$\eta = (\alpha'^2 - p_0\beta'^2)^{-1}\{\alpha\alpha' + p_0\beta\beta' + (\alpha\beta' + \alpha'\beta)\sqrt{m}\}.$$

On p.10 we have formulas from which we obtain the co-ordinates of the product of two numbers of K_3. The conjugate ω' of an element $\omega = z_0 + z_1\theta + z_2\theta'$ of K_3 is

(120) $$\omega' = \begin{cases} z_0 - z_2 - z_2\theta + (z_1 - z_2)\theta' & \text{if } 3 \nmid f_3 \\ z_0 - z_2\theta + (z_1 - z_2)\theta' & \text{if } 3 \mid f_3. \end{cases}$$

Since $N_{3/1}(\omega) = \omega\omega'\omega''$, we have $\omega^{-1} = N_{3/1}(\omega)^{-1}\omega'\omega''$. Now we have all the needed equations for calculating the co-ordinates of η from (113), (115), (117) or (119). In this connexion we shall also give formulas for calculating the norms $N_{6/2}(\gamma)$ and $N_{6/3}(\gamma)$ of an element $\gamma = \omega_1 + \omega_2\sqrt{m} = x_0 + x_1\theta + x_2\theta' + (y_0 + y_1\theta + y_2\theta')\sqrt{m}$ of K_6. Now

$$N_{6/3}(\gamma) = \gamma\gamma''' = \omega_1^2 - m\omega_2^2,$$

$$N_{6/2}(\gamma) = \gamma\gamma^{iv}\gamma'' = (\omega_1 + \omega_2\sqrt{m})(\omega_1' + \omega_2'\sqrt{m})(\omega_1'' + \omega_2''\sqrt{m}).$$

Using the equations (13), (14) and (120) we obtain the following formulas

Case 1. $3 \nmid f_3$: In this case

$$(121)\ N_{6/3}(\gamma) = x_0^2 - my_0^2 + \frac{4f_3 - a + 3b - 2}{18}(x_1^2 - my_1^2)$$

$$+ \frac{4f_3 - a - 3b - 2}{18}(x_2^2 - my_2^2)$$

$$+ \frac{2(-f_3 + a - 1)}{9}(x_1x_2 - my_1y_2)$$

$$+ \left\{\frac{-a + b - 4}{6}(x_1^2 - my_1^2) + 2(x_0x_1 - my_0y_1) - \frac{b}{3}(x_2^2 - my_2^2) + \frac{a + b - 2}{3}(x_1x_2 - my_1y_2)\right\}\theta$$

$$+ \left\{\frac{b}{3}(x_1^2 - my_1^2) - \frac{a + b + 4}{6}(x_2^2 - my_2^2) + 2(x_0x_2 - my_0y_2) + \frac{a - b - 2}{3}(x_1x_2 - my_1y_2)\right\}\theta'$$

and

$$(122)\ N_{6/2}(\gamma) = (x_0 - x_1 - x_2)(x_0^2 + my_0^2) + 2mx_0y_0(y_0 - y_1 - y_2)$$

$$+ \frac{f_3 + 2}{3}\{x_0(x_1x_2 + my_1y_2) + my_0(x_1y_2 + x_2y_1)\}$$

$$+ \frac{f_3a + 3f_3b - 2}{18}\{x_2(x_1^2 + my_1^2) + 2mx_1y_1y_2\}$$

$$+ \frac{1 - f_3}{3}\{x_0(x_1^2 + x_2^2 + m(y_1^2 + y_2^2)) + 2my_0(x_2y_2 + x_1y_1)\}$$

$$+ \frac{3f_3 - f_3 a - 1}{27} \{x_1(x_1^2 + 3my_1^2) + x_2(x_2^2 + 3my_2^2)\}$$

$$+ \frac{f_3 a - 3f_3 b - 2}{18} \{x_1(x_2^2 + my_2^2) + 2mx_2 y_1 y_2\}$$

$$+ \left\{ (y_0 - y_1 - y_2)(x_0^2 + my_0^2) + 2x_0 y_0 (x_0 - x_1 - x_2) \right.$$

$$+ \frac{f_3 + 2}{3} \{y_1(x_0 x_2 + my_0 y_2) + x_1(x_2 y_0 + x_0 y_2)\}$$

$$+ \frac{f_3 a + 3f_3 b - 2}{18} \{y_2(x_1^2 + my_1^2) + 2x_1 x_2 y_1\}$$

$$+ \frac{1 - f_3}{3} \{y_0(x_1^2 + x_2^2 + m(y_1^2 + y_2^2)) + 2x_0(x_2 y_2 + x_1 y_1)\}$$

$$+ \frac{3f_3 - f_3 a - 1}{27} \{y_1(3x_1^2 + my_1^2) + y_2(3x_2^2 + my_2^2)\}$$

$$\left. + \frac{f_3 a - 3f_3 b - 2}{18} \{y_1(x_2^2 + my_2^2) + 2x_1 x_2 y_2\} \right\} \sqrt{m} .$$

<u>Case 2. $3|f_3$</u>: In this case

$$(123) \quad N_{6/3}(\gamma) = x_0^2 - my_0^2 + \frac{2f_3}{9} \{x_1^2 + x_2^2 - x_1 x_2 - m(y_1^2 + y_2^2 - y_1 y_2)\}$$

$$+ \left\{ \frac{a + b}{6} (x_1^2 - my_1^2) + 2(x_0 x_1 - my_0 y_1) - \frac{b}{3} (x_2^2 - my_2^2) \right.$$

$$\left. + \frac{b - a}{3} (x_1 x_2 - my_1 y_2) \right\} \theta$$

$$+ \left\{ \frac{b}{3} (x_1^2 - my_1^2) + \frac{a - b}{6} (x_2^2 - my_2^2) + 2(x_0 x_2 - my_0 y_2) \right.$$

$$\left. - \frac{a + b}{3} (x_1 x_2 - my_1 y_2) \right\} \theta'$$

and

$$(124) \quad N_{6/2}(\gamma) = x_0(x_0^2 + 3my_0^2) + \frac{f_3}{3} \{x_0(x_1 x_2 - x_1^2 - x_2^2 + m(y_1 y_2 - y_1^2 - y_2^2)) + my_0(x_1 y_2 + x_2 y_1 - 2x_1 y_1 - 2x_2 y_2)\}$$

$$- \frac{f_3(a + 3b)}{18} \{x_1(x_2^2 + my_2^2) + 2mx_2 y_1 y_2\}$$

$$- \frac{f_3(a - 3b)}{18} \{x_2(x_1^2 + my_1^2) + 2mx_1 y_1 y_2\}$$

$$+ \frac{f_3 a}{27} \{ x_2(x_2^2 + 3my_2^2) + x_1(x_1^2 + 3my_1^2) \}$$

$$+ \left\{ y_0(3x_0^2 + my_0^2) + \frac{f_3}{3} \{ y_0(x_1 x_2 - x_1^2 - x_2^2 + m(y_1 y_2 - y_1^2 - y_2^2)) + x_0(x_1 y_2 + x_2 y_1 - 2x_1 y_1 - 2x_2 y_2) \} \right.$$

$$- \frac{f_3(a + 3b)}{18} \{ y_1(x_2^2 + my_2^2) + 2x_1 x_2 y_2 \}$$

$$- \frac{f_3(a - 3b)}{18} \{ y_2(x_1^2 + my_1^2) + 2x_1 x_2 y_1 \}$$

$$\left. + \frac{f_3 a}{27} \{ y_1(3x_1^2 + my_1^2) + y_2(3x_2^2 + my_2^2) \} \right\} \sqrt{m} .$$

8. The class number of K_6.

Let η_2 and η_3 be the cyclotomic units of K_2 and K_3 respectively as defined in [14, p. 25]. Put $Y_2 = \langle -1, \eta_2 \rangle$, $Y_3 = \langle -1, \eta_3, \eta_3' \rangle$ and $Y_6 = \langle -1, \eta_2, \eta_3, \eta_3', \eta, \eta' \rangle$. From Hasse [14, p. 40] we see that the class number h_n of K_n ($n = 2, 3, 6$) is the index $[U_n : Y_n]$.

Theorem 17. The class number of K_6 is of the form

(125) $$h_6 = h_2 h_3 h_R$$

where h_R is a positive integer which is called the relative class number of K_6.

Proof. From Theorem 9 we obtain $U_6 = \langle -1, \mu, \tau, \tau', \varepsilon_1, \varepsilon_2 \rangle$. We can write

$$\eta_2 = (-1)^{a_{21}} \mu^{a_{22}},$$

$$\eta_3 = (-1)^{a_{31}} \tau^{a_{33}} \tau'^{a_{34}},$$

$$\eta_3' = (-1)^{a_{41}} \tau^{a_{43}} \tau'^{a_{44}},$$

$$\eta = (-1)^{a_{51}} \mu^{a_{52}} \tau^{a_{53}} \tau'^{a_{54}} \varepsilon_1^{a_{55}} \varepsilon_2^{a_{56}},$$

$$\eta' = (-1)^{a_{61}} \mu^{a_{62}} \tau^{a_{63}} \tau'^{a_{64}} \varepsilon_1^{a_{65}} \varepsilon_2^{a_{66}},$$

for some integers a_{ij}. Here $h_2 = \pm a_{22}$ and $h_3 = \pm \begin{vmatrix} a_{33} & a_{34} \\ a_{43} & a_{44} \end{vmatrix}$. Therefore the equation (125) holds with

(126) $$h_R = \pm \begin{vmatrix} a_{55} & a_{56} \\ a_{65} & a_{66} \end{vmatrix}.$$ □

Since $[\langle -1, \mu, \tau, \tau', \eta, \eta' \rangle : Y_6] = h_2 h_3$, the relative class number

$$h_R = h_6/h_2 h_3 = [U_6 : <-1,\mu,\tau,\tau',\eta,\eta'>].$$

If $\xi \in K_6$, then $\eta' = \xi'/\xi'' = N_{6/2}(\xi')N_{6/3}(\xi\xi'')^{-1}\xi$. So

$$<-1,\mu,\tau,\tau',\eta,\eta'> = <-1,\mu,\tau,\dot\tau',\xi_A,\xi_A'>.$$

A generating relative unit ξ_R determines the index $[U_6^* : <-1,\mu,\tau,\tau',\xi_A,\xi_A'>]$. From Theorems 5 - 8 we obtain $[U_6 : U_6^*]$. So we have the value of

(127) $\qquad h_R = [U_6 : U_6^*] \cdot [U_6^* : <-1,\mu,\tau,\tau',\xi_A,\xi_A'>].$

9. The signature rank of U_6

Let W be a vector space of dimension six over $GF(2)$. The elements of W are denoted by $x = (x_0, \ldots, x_5)$. We define a homomorphism sgn from the multiplicative group of K_6 into the additive group of W as follows: $sgn(\alpha) = (x_0, \ldots, x_5)$ where $x_i = 0$ if the i´th conjugate $\alpha^{(i)} > 0$ and $x_i = 1$ if $\alpha^{(i)} < 0$. The signature rank Sr of U_6 is then defined as the dimension of the subspace

$$V = \{ sgn(\omega) \mid \omega \in U_6 \}$$

of W.

Let

$$V_o = \{ sgn(\omega) \mid \omega \in U_2 U_3 \},$$

i.e. V_o is the subspace of V spanned by the vectors $sgn(-1)$, $sgn(\mu)$, $sgn(\tau)$, $sgn(\tau')$. In the following theorem a description of V_o is given. We suppress the proof which is simple and straightforward.

Theorem 18. (i) If $N_{2/1}(\mu) = -1$ and τ is not totally positive then $V_o = \{ x \in W \mid x_0 + x_3 = x_1 + x_4 = x_2 + x_5 \}$ and $\dim V_o = 4$.
(ii) If $N_{2/1}(\mu) = 1$ and τ is not totally positive then
$V_o = \{ x \in W \mid x_0 = x_3, x_1 = x_4, x_2 = x_5 \}$ and $\dim V_o = 3$.
(iii) If $N_{2/1}(\mu) = -1$ and τ is totally positive then
$V_o = \{ x \in W \mid x_0 = x_2 = x_4, x_1 = x_3 = x_5 \}$ and $\dim V_o = 2$.
(iv) If $N_{2/1}(\mu) = 1$ and τ is totally positive then
$V_o = \{ x \in W \mid x_0 = x_1 = x_2 = x_3 = x_4 = x_5 \}$ and $\dim V_o = 1$.

Sr depends on $\dim V_o$ as follows:

Theorem 19. We have $Sr = \dim V_o$ or $Sr = \dim V_o + 2$ according as $V = V_o$ or $V \neq V_o$.

Proof. From Theorem 9 it follows that $Sr \leq \dim V_o + 2$. Let us suppose that $Sr \neq \dim V_o$, i.e. $V \neq V_o$. Then there exists an element ε in U_6 such that $\operatorname{sgn}(\varepsilon) \notin V_o$. Evidently $\operatorname{sgn}(\varepsilon^{(i)}) \notin V_o$ for every conjugate $\varepsilon^{(i)}$ of ε. Especially $\operatorname{sgn}(\varepsilon'') \notin V_o$. Furthermore $\varepsilon\varepsilon'' = \varepsilon' N_{6/2}(\varepsilon)/N_{6/3}(\varepsilon')$, and so $\operatorname{sgn}(\varepsilon) + \operatorname{sgn}(\varepsilon'') = \operatorname{sgn}(\varepsilon\varepsilon'') \notin V_o$. Thus $Sr = \dim V \geq \dim V_o + 2$. □

From Theorems 18 and 19 we see that Sr is odd or even according as $N_{2/1}(\mu) = 1$ or -1.

According to Theorems 5 - 8, $V = V_o$ if the following vectors are in V_o: $\operatorname{sgn}(\xi_A)$, $\operatorname{sgn}(\xi_R)$, $\operatorname{sgn}(\xi_B)$ if ξ_B exists, and $\operatorname{sgn}(\xi_C)$ if ξ_C exists. The following theorem shows that we need not know these vectors to determine Sr if τ is not totally positive.

Theorem 20. Suppose that τ is not totally positive. We have $Sr = \dim V_o$ or $Sr = \dim V_o + 2$ according as $\langle -1 \rangle N_{6/3}(U_6) \neq U_3$ or $\langle -1 \rangle N_{6/3}(U_6) = U_3$.

Remark. It follows readily from results in Section 3 that $\langle -1 \rangle N_{6/3}(U_6) \neq U_3$ if and only if $2 \mid u$, $2 \mid v$ and ξ_C does not exist.

Proof. Put $\overline{U}_3 = \langle -1 \rangle N_{6/3}(U_6)$. Suppose first that $\overline{U}_3 = U_3$. Choose ε so that $N_{6/3}(\varepsilon) = \pm\tau$. Then $\operatorname{sgn}(\varepsilon\varepsilon''') = (x_0, x_1, x_2, x_0, x_1, x_2)$ where x_0, x_1, x_2 are not all equal because τ is not totally positive. From Theorem 18 we see that $\operatorname{sgn}(\varepsilon) \notin V_o$. Suppose next that $\overline{U}_3 \neq U_3$. Then $\overline{U}_3 = \langle -1, \tau^2, \tau'^2 \rangle$. For any $\varepsilon \in U_6$ the relative norms $N_{6/3}(\varepsilon^{(i)})$ ($i = 0, \ldots, 5$) have the same sign so that $\operatorname{sgn}(\varepsilon) = (x_0, \ldots, x_5)$ where $x_0 + x_3 = x_1 + x_4 = x_2 + x_5 = x$, say. Moreover $x = 0$ if $N_{6/1}(\varepsilon) = 1$. Especially is this the case when $N_{2/1}(\mu) = 1$. Thus $\operatorname{sgn}(\varepsilon) \in V_o$. Hence $V = V_o$. Sr is now obtained from Theorem 19. □

10. The computer program

The computer program is constructed for the UNIVAC 1108 system using FORTRAN V programming language. The double precision for real numbers is 18 digits and the greatest allowed absolute value for integers is $2^{35}-1$.

In the beginning of the program we deal with the field K_3. The inputs concerning K_3 are p_0 (or 9 if $3|f_3$), $p_1, \ldots, p_n$ in (1), the numbers a, b satisfying (2) and (3), $S_{3/1}(\tau)$, $S_{3/1}(\tau^{-1})$, for each p_i a primitive root r_i and the numbers a_i, b_i satisfying $p_i = (a_i^2 + 3b_i^2)/4$, $a_i \equiv 2 \bmod 3$, $b_i \equiv 0 \bmod 3$, $b_i > 0$. The numbers $S_{3/1}(\tau)$, $S_{3/1}(\tau^{-1})$, a, b, a_i, b_i are taken from M.N. Gras's tables [9] bearing in mind the different notation mentioned on p. 6.

If $n = 0$, $\phi = \pi_0$ or 3ρ according as $f_3 = p_0$ or $f_3 = 9$. If $n > 0$, the factors π_i' and the exponent α for $3|f_3$ in the decomposition (83) of ϕ are determined.

Next we compute the values of the character χ_3', defined in (84), for the numbers $1, 2, \ldots, f_3$. The cubic residue symbol $\left(\frac{x}{\pi_i'}\right)_3$ for prime residues $x \bmod p_i$ can be derived from $\left(\frac{r_i}{\pi_i'}\right)_3$. The value of $\left(\frac{r_i}{\pi_i'}\right)_3$ we calculate as follows. According to (85),

$$r_i^{(p_i-1)/3} \equiv \left(\frac{r_i}{\pi_i'}\right)_3 \bmod \pi_i'.$$

If a rational integer y satisfies the congruence $y \equiv \rho \bmod (a_i \pm b_i\sqrt{-3})/2$, then $p_i | (y-\rho)(a_i \mp b_i\sqrt{-3})/2$ so that $\pm 2yb_i \pm b_i + a_i \equiv 0 \bmod p_i$. Arguing similarly with ρ replaced by ρ^2 we obtain: If $\pi_i' = (a_i \pm b_i\sqrt{-3})/2$ then

$$\left(\frac{r_i}{\pi_i'}\right)_3 = \begin{cases} \rho & \text{if } \pm 2r_i^{(p_i-1)/3} b_i \pm b_i + a_i \equiv 0 \bmod p_i \\ \rho^2 & \text{if } \mp 2r_i^{(p_i-1)/3} b_i \mp b_i + a_i \equiv 0 \bmod p_i. \end{cases}$$

From (86) we have

$$\left(\frac{\rho}{x}\right)_3 = \begin{cases} 1 & \text{if } x \equiv 1,8 \bmod 9 \\ \rho & \text{if } x \equiv 2,7 \bmod 9 \\ \rho^2 & \text{if } x \equiv 4,5 \bmod 9. \end{cases}$$

It is now easy to determine the exponent of ρ in $\chi_3'(x)$ for any prime residue $x \bmod f_3$.

The numerical values of θ, θ', θ'' are calculated in the following way. First we compute θ from (5), which can be written in the form

(128) $$\theta = (-1)^n \sum_{\chi_3'(x)=1} \cos(2\pi x/f_3).$$

At the same time we also compute the number

$$\theta^* = (-1)^n \sum_{\chi_3'(x)=\rho} \cos(2\pi x/f_3).$$

The value of θ obtained from (128) is too inaccurate, especially when f_3 is large. A more precise value we obtain from the minimal polynomial (6) or (9) of θ using Newton's method. As an approximation we use the value obtained from (128). By splitting the numbers into four-digit pieces we calculate θ with an accuracy of 10^{-124}. A precision of a very high order of magnitude is in fact needed later on. The values of θ' and θ'' are calculated from (7) and (8), or (10) and (11) with the same accuracy. If now θ^* is close to θ', then $\chi_3' = \chi_3$; and if θ^* is close to θ'', then $\chi_3' = \bar{\chi}_3$.

Next we determine the values of τ, τ', τ'' and the co-ordinates of τ with respect to the integral basis $\{1,\theta,\theta'\}$. The minimal polynomial of τ is

(129) $$x^3 - S_{3/1}(\tau)x^2 + S_{3/1}(\tau^{-1})x - 1.$$

We first compute a zero of (129) by using Newton's method starting from the first approximation $S_{3/1}(\tau^{-1})^{-1}$. The other zeros are also calculated by Newton's method. The first approximations we get by solving the corresponding quadratic equation. In order to obtain uniquely defined numerical results it is of importance to know the choice of τ among its conjugates. This is done as follows. In the table of M.N. Gras [9] it is always true that

$$|S_{3/1}(\tau^{-1})| > \max\{|S_{3/1}(\tau)|, |S_{3/1}(\tau) + 2|\}.$$

Using this it is easy to determine the location of the zeros of (129). There is always exactly one zero in the interval $(-1,1)$. The other two zeros are both > 1 if $S_{3/1}(\tau) > 0$, $S_{3/1}(\tau^{-1}) > 0$; they are both < -1 if $S_{3/1}(\tau) < 0$, $S_{3/1}(\tau^{-1}) > 0$; and one of them is > 1 whereas the other is < -1 if $S_{3/1}(\tau^{-1}) < 0$. In the first and third case we take τ to be the greatest zero and in the second case we take it to be the smallest one. Having chosen τ denote the other two zeros by x_2 and x_3. To determine which one is τ' and which one is τ'' consider the system of equations

(130)
$$\begin{cases} \tau = c_0 + c_1\theta + c_2\theta' \\ x_2 = c_0 + c_1\theta' + c_2\theta'' \\ x_3 = c_0 + c_1\theta'' + c_2\theta. \end{cases}$$

If (130) has an integral solution c_0, c_1, c_2, then $x_2 = \tau'$ and $x_3 = \tau''$. If the solution is not integral, then $x_2 = \tau''$ and $x_3 = \tau'$, and we solve the co-ordinates of τ from (130) by interchanging x_2 and x_3.

The inputs concerning the subfield K_2 of K_6 are q_0 (or 4 if $4|f_2$, $8\!\!\!/f_2$, or 8 if $8|f_2$), $q_1, \ldots, q_k$ in (87), and the co-ordinates z_0, z_1 of the fundamental unit $\mu = z_0 + z_1\sqrt{m}$. The values of the character χ_2, given in (90), will be calculated for each residue class mod f_2. In the sequel we need an accurate value of $\sqrt{m}$ which we compute by Newton's method with the same precision as θ above.

We determine the common prime factors of f_2 and f_3 by comparing the input factors of f_2 and f_3. The product of these factors is f_* and the conductor $f_6 = f_2 f_3 / f_*$, according to (18). From the forms of f_2 and f_3 we then see which one of the cases on pp. 42 - 51 applies.

The set $\alpha = \{a_1, \ldots, a_1\}$ defined on p. 16 will be chosen as follows. First we collect all integers x such that $1 \leq x < f_6/2$, $\chi_3(x) = 1$ and $\chi_2(x) = 1$. In this set we only have to replace every even number x by $f_6 - x$ which is odd. From (76) we then compute $B_t (t = 1, 2, \ldots, 2f_6)$. The numbers $B_t^{(i)}$ are split into four pieces, each one containing eight digits. From (77), (78), or (79) we obtain the integers $2A_t$.

Next we determine the co-ordinates of $2f_* \xi_A$ with respect to the field basis $\{1, \theta, \theta', \sqrt{m}, \theta\sqrt{m}, \theta'\sqrt{m}\}$. These co-ordinates are integers, according to Theorem 1. In Case 1 on p. 42 $\xi_A = \xi$ and the computations are carried out by means of the equations (96) and (106) - (109). The numbers are first obtained in eight-digit pieces but for further operations we split the pieces into two parts of four digits. In Cases 2 - 10 $\xi_A = \eta$. We first compute α and β in (110), (114), (116), or (118). The co-ordinates x_i, y_i of $2f_* \eta = x_0 + x_1\theta + x_2\theta' + (y_0 + y_1\theta + y_2\theta')\sqrt{m}$ are obtained from (113), (115), (117), or (119) using the formulas mentioned on pp. 54, 55. It is difficult to make this procedure sufficiently accurate. In some cases we therefore use the following alternative method. We first compute the numerical values of the conjugates of η with a very high precision and then solve x_i, y_i from the system of equations

$$(131) \begin{cases} x_0 + x_1\theta + x_2\theta' = f_*(\eta + \eta'''), & y_0 + y_1\theta + y_2\theta' = f_*(\eta - \eta''')/\sqrt{m}, \\ x_0 + x_1\theta' + x_2\theta'' = f_*(\eta' + \eta^{iv}), & y_0 + y_1\theta' + y_2\theta'' = f_*(\eta' - \eta^{iv})/\sqrt{m}, \\ x_0 + x_1\theta'' + x_2\theta = f_*(\eta'' + \eta^{v}), & y_0 + y_1\theta'' + y_2\theta = f_*(\eta'' - \eta^{v})/\sqrt{m}. \end{cases}$$

The numbers x_i, y_i are again split into four-digit pieces.

The norms $N_{6/2}(\xi_A)$ and $N_{6/3}(\xi_A)$ are computed from (121), (122) or

(123), (124). The numbers u, v and w, defined in (34) and (35), will be determined next. Since $N_{6/3}(\xi_A) = \pm \tau^u \tau'^v$, we have $N_{6/3}(\xi_A') = \pm \tau'^u \tau''^v$. Hence

$$u = \frac{\ln|N_{6/3}(\xi_A)| \ln|\tau''| - \ln|N_{6/3}(\xi_A')| \ln|\tau'|}{\ln|\tau| \ln|\tau''| - (\ln|\tau'|)^2},$$

$$v = \frac{-\ln|N_{6/3}(\xi_A)| \ln|\tau'| + \ln|N_{6/3}(\xi_A')| \ln|\tau|}{\ln|\tau| \ln|\tau''| - (\ln|\tau'|)^2}.$$

Using the numerical values of τ, τ', τ'', $N_{6/3}(\xi_A)$ and $N_{6/3}(\xi_A')$ we calculate u and v. Similarly w will be obtained from

$$w = \frac{\ln|N_{6/2}(\xi_A)|}{\ln|\mu|}.$$

In most cases the values obtained in this way are accurate enough.

From (69) we compute the co-ordinates of $2f_*\xi_o$ using the equations (13), (14), (120) and

$$\tau^{-1} = \tau'\tau'', \quad \tau'^{-1} = \tau\tau'', \quad \mu^{-1} = N_{2/1}(\mu)\mu'.$$

Besides the co-ordinates of $2f_*\xi_o$ the numerical values of the conjugates of ξ_o are also computed by using four-digit pieces. As a control we use the relative norms $\xi_o\xi_o'''$, $\xi_o'\xi_o^{iv}$, $\xi_o''\xi_o^v$ which should be 1, and $\xi_o\xi_o''\xi_o^{iv}$ which should be ±1.

If $2|u$, $2|v$ and ξ_o is totally positive or negative, Theorem 3 enables one in many cases to decide that $\pm\xi_o$ is not a square in K_6. If this is not so we calculate

$$\sqrt{|\xi_o|} + \sum_{i=1}^{5} \delta_i \sqrt{|\xi_o^{(i)}|},$$

where $\delta_i \in \{-1,1\}$, with all possible combinations of $\delta_1, \ldots, \delta_5$. The square roots are computed by Newton's method using four-digit pieces. If none of the results is an integer, then $\pm\xi_o$ is not a square in K_6. Otherwise we solve the system of equations obtained from (131) by substituting $\sqrt{|\xi_o|}$ for η and $\delta_i\sqrt{|\xi_o^{(i)}|}$ for $\eta^{(i)}$ ($i = 1, \ldots, 5$). If the system has a solution in integers, then $\pm\xi_0$ is a square in K_6. In such a case we proceed in the manner explained on p. 29.

Next we calculate $\mathcal{M}(\xi_1) = \sum_{i=0}^{5} \xi_1^{(i)^2}/6$, M_{min} from (70), and K_{max} from (73). Then we calculate the right side of (75) for all integers K, L such that $0 \leq K, L \leq K_{max}$, $K > 0$ and $K^2 + KL + L^2$ odd. For $K = L = 1$ the integral part of the resulting number may become too large. In this case therefore we calculate the cube roots by Newton's method using four-digit pieces. For the other values of K and L we have not done so. If in each case the result is not an integer, then ξ_1 is a generating relative unit. If for some K, L the result is an integer, then we find out whether $\xi_1^{L/(K^2+KL+L^2)} \xi_1^{'K/(K^2+KL+L^2)}$ belongs to K_6 by solving the system of equations obtained from (131) by an obvious modification. In this way we determine ξ_R.

The structure of U_6 is obtained from Theorems 4 - 8. If $3|w$ we have to find out whether one of the equations (37) has a solution ξ_B in K_6. Consider e.g. the first equation. We compute $\sum_{i=0}^{5} (\mu^{(i)} \xi_R^{(i)} \xi_R^{(i+1)})^{1/3}$ and proceed as before. Here again we get the cube roots by Newton's method using four-digit pieces. If $2|u$ and $2|v$, then we find out whether one of the equations (42) has a solution ξ_C in K_6 in the same way as we solved the existence or nonexistence of $\sqrt{|\xi_0|}$ in K_6.

The relative class number h_R is determined from (127). The signature rank Sr of U_6 is obtained from Theorems 18 and 20 if τ is not totally positive. If τ is totally positive, then we calculate the signatures of the generators of U_6, and determine Sr by Theorems 18 and 19.

11. Numerical results

All the real cyclic sextic fields with conductor $f_6 \leq 2021$ have been under consideration with 12 exceptions. In six cases the required information in the table of M.N. Gras [9] is missing, and in the other six cases the numbers appearing are too large to be handled by the program. The smallest value of f_6 for which such an exceptional case appears is 997. In the following table the fields are arranged lexicographically according to increasing values of f_6, f_2, f_3, b. Also in the 12 cases mentioned above the known quantities have been written down in their right positions. So we have a complete list of real cyclic sextic fields with conductor ≤ 2021.

The meaning of the numbers and letters in the table is as follows:

$$\begin{array}{cccc} f_6 & k & Sr & h_R \\ f_2 & code1 & code2 & h_2 \\ f_3 & a & b & h_3 \\ & u & v & w \end{array} \left\{ \begin{array}{l} \text{the co-ordinates of } \xi_A \\ \text{multiplied by } k \\ \text{the co-ordinates of } \xi_R \\ \text{multiplied by } k. \end{array} \right.$$

The co-ordinates of ξ_A and ξ_R are taken with respect to the field basis $\{1, \theta, \theta', \sqrt{m}, \theta\sqrt{m}, \theta'\sqrt{m}\}$ and k is a suitable multiplier which makes these co-ordinates integral. In fact we have chosen $k = 2f_*$ if f_2 is odd and $k = f_*$ if f_2 is even, an allowable choice by Theorem 1. In some cases this multiplier is too large so that the co-ordinates may have a non-trivial factor in common with k. Further

$$\text{code1} = \begin{cases} d \text{ if } \xi_A = \xi \\ n \text{ if } \xi_A = \eta, \end{cases} \quad \text{code2} = \begin{cases} o \text{ if } \xi_R = \xi_o \\ r \text{ if } \xi_R \neq \xi_o. \end{cases}$$

In the case $h_R = 7$ the letter r is followed by 1 or 2 depending on whether $\xi_R^7 = \xi_o^2 \xi_o'$ or $\xi_R^7 = \xi_o \xi_o'^2$.

In a few cases the co-ordinates of ξ_R are not included in the table because of insufficient typing space. All the calculations, however, have been completed in these cases, and the co-ordinates of ξ_R are the only quantities missing from the table.

If ξ_B or ξ_C exists, then its co-ordinates multiplied by k are written under the co-ordinates of $k\xi_R$. The code beside these co-ordinates shows what unit is in question. For each code the corresponding equation having the unit as a root is the following one:

$$\begin{array}{llll} b1 & x^3 = \mu \xi_R \xi_R', & b2 & x^3 = \mu^{-1} \xi_R \xi_R', \\ c2 & x^2 = \tau \xi_R, & c\text{-}2 & x^2 = -\tau \xi_R, \\ c3 & x^2 = \tau' \xi_R, & c\text{-}3 & x^2 = -\tau' \xi_R, \\ c4 & x^2 = \tau\tau' \xi_R, & c\text{-}4 & x^2 = -\tau\tau' \xi_R. \end{array}$$

If $h_R = 1$, then it follows e.g. from (127) that $\{\mu, \tau, \tau', \xi_A, \xi_A'\}$ forms a system of fundamental units of K_6. We have discovered altogether 130 fields with $h_R > 1$. In what follows we shall divide these fields into eight different types. For each type we give the number of cases (= no.) and a suitable pair of units $\varepsilon_1, \varepsilon_2$ such that $\{\mu, \tau, \tau', \varepsilon_1, \varepsilon_2\}$ is a system of fundamental units (cf. Theorem 9). The choice depends on trivial but somewhat lengthy computations based on the observations made after the equation (25).

1) $\underline{h_R = 4, \xi_R^2 = \pm \xi_o^2}$ no. = 11; $\varepsilon_1 = \xi_R/\xi_A$, $\varepsilon_2 = \xi_R'/\xi_A'$.

2) $\underline{h_R = 9, \xi_R^3 = \xi_o^2}$ no. = 1, viz. $(f_6, f_2, f_3, a, b) = (1548, 172, 387, -39, 3)$; $\varepsilon_1 = \xi_R/\xi_A$, $\varepsilon_2 = \xi_R'/\xi_A'$. We note that this choice does not work for $2|u, 2|v$. We further note that for a field of this type always $3|w$. This can be seen easily in the following way. Suppose that $3 \nmid w$. Then

$$(\xi_R \xi_R')^{3e} = \mu^{2w}\tau^{3v}\tau'^{-3u+3v}\xi_A'^6$$

where e = 1 or 2, a contradiction by Theorem 2.

3) $h_R = 3$, $\xi_R^3 = \xi_0 \xi_0'^2$, no. = 12; $\varepsilon_1 = \xi_R/\xi_A$, $\varepsilon_2 = \xi_R'/\xi_A'$. Again we have $3|w$. Suppose namely that $3 \nmid w$. Then we get a similar contradiction as in the preceding case, viz.

$$\xi_R^{3e} = \mu^{2w}\tau^{3v}\tau'^{-3u+3v}\xi_A'^6$$

where e = 1 or 2.

4) $h_R = 7$, $\xi_R^7 = \xi_0^2 \xi_0'$ or $\xi_0 \xi_0'^2$, no. = 23;

$$\varepsilon_1, \varepsilon_2 = \begin{cases} \xi_R, \xi_R' & \text{if } 3|w,\ 2|u,\ 2|v \\ \xi_R/\xi_A, \xi_R/\xi_A' & \text{if } 3|w, \text{ and } 2\nmid u \text{ or } 2\nmid v \\ \xi_R/\xi_A', \xi_R'/\xi_A'' & \text{if } 3\nmid w. \end{cases}$$

5) $h_R = 3$, $\xi_R = \xi_0$, ξ_B exists, no. = 28; $\varepsilon_1 = \xi_B/\xi_A$, $\varepsilon_2 = \xi_B'/\xi_A'$.

6) $h_R = 4$, $\xi_R = \xi_0$, ξ_C exists, no. = 53; $\varepsilon_1 = \xi_C/\xi_A$, $\varepsilon_2 = \xi_C'/\xi_A'$.

7) $h_R = 12$, $\xi_R = \xi_0$, ξ_B and ξ_C both exist, no. = 1, viz. $(f_6, f_2, f_3, a, b) = (995, 5, 199, 11, 15)$; $\varepsilon_1 = \xi_B/\xi_C$, $\varepsilon_2 = \xi_C'$.

8) $h_R = 16$, $\xi_R^2 = \pm\xi_0$, ξ_C exists, no. = 1, viz. $(f_6, f_2, f_3, a, b) = (1143, 381, 1143, -3, 39)$; $\varepsilon_1 = \xi_C$, $\varepsilon_2 = \xi_C'/\xi_A'$. The choice does not work for $3|w$.

In the third and fourth case above the ξ_R in the table is the same as the ξ_R' in (74).

In Section 9 we observed that it is more difficult to determine the signature rank of U_6 when τ is totally positive. It is therefore of importance to be able to recognize these cases. There are exactly three of them, viz. $(f_6, f_2, f_3, a, b) = (703, 37, 703, -25, 27)$, $(711, 237, 711, -12, 30)$, $(1009, 1009, 1009, -43, 27)$.

We give three examples of how to use the table.

Example 1. $(f_6, f_2, f_3, a, b) = (728, 104, 91, 11, 9)$, page 105.

$Sr = 6$, $h_R = 1$, $h_2 = 2$, $h_3 = 3$,

$\xi_A = \xi = \frac{1}{13}(-143 + 39\theta' + (-16 + 6\theta + 11\theta')\sqrt{26})$,

$\xi_R = \xi_O = \frac{1}{13}(-285831 + 44720\theta + 129324\theta' +$
$\qquad (-61624 + 7106\theta + 24238\theta')\sqrt{26})$,

$N_{6/3}(\xi_A) = \pm\tau\tau'^2$, $N_{6/2}(\xi_A) = \pm\mu^{-2}$,

$h_6 = 6$, $U_6 = \langle -1, \mu, \tau, \tau', \xi_A, \xi_A' \rangle$.

Example 2. $(f_6, f_2, f_3, a, b) = (995, 5, 199, 11, 15)$, page 123.

$Sr = 6$, $h_R = 12$, $h_2 = h_3 = 1$,

$\xi = \xi_A = \xi_O = \xi_R = \frac{1}{2}(277 - 20\theta - 150\theta' + (-303 + 36\theta + 50\theta')\sqrt{5})$,

$N_{6/3}(\xi) = |N_{6/2}(\xi)| = 1$,

$\xi_B = \frac{1}{2}(31 - 5\theta - 10\theta' + (-17 + \theta + 4\theta')\sqrt{5})$, $\xi_B^3 = \mu^{-1}\xi\xi'$,

$\xi_C = \frac{1}{2}(131 - 14\theta - 36\theta' + (-59 + 6\theta + 16\theta')\sqrt{5})$, $\xi_C^2 = \tau'\xi$,

$h_6 = 12$, $U_6 = \langle -1, \mu, \tau, \tau', \xi_B/\xi_C, \xi_C' \rangle$.

Example 3. $(f_6, f_2, f_3, a, b) = (556, 556, 139, 23, 3)$, page 96.

$Sr = 5$, $h_R = 7$, $h_2 = h_3 = 1$,

$\xi_A = \eta = \frac{1}{139}(1610454 - 420614\theta + 35723\theta' +$
$\qquad (-136597 + 35676\theta - 3030\theta')\sqrt{139})$,

$\xi_R = \frac{1}{139}(139 - 278\theta + 278\theta' + (-170 + 26\theta + 20\theta')\sqrt{139})$,

$N_{6/3}(\xi_A) = \pm\tau^2\tau'$, $N_{6/2}(\xi_A) = \pm\mu^{-1}$,

$h_6 = 7$, $\xi_R^7 = \xi_O\xi_O'^2$, $U_6 = \langle -1, \mu, \tau, \tau', \xi_R/\xi_A', \xi_R/\xi_A'' \rangle$.

```
13   26  6  1         -13         -13         -13
13    n  o  1           5          -1           3
13    5  3  1         -13          26          26
     -1 -1 -1           3           2          -6

21   14  5  1          21          -7          14
21    n  o  1          -5           1          -2
 7   -1  3  1          -7          42          42
      2  1 -1          -3           2          10

28    7  5  1          -7           7          -7
28    n  o  1           3          -2           4
 7   -1  3  1          -7         -14         -28
      1  2 -1           6          -4          -6

35    2  6  1          -1          -2          -2
 5    d  o  1           1           0           0
 7   -1  3  1          27          30          10
      0  1 -1         -17         -10          -6

36    3  5  1           3          -3           0
12    n  o  1           0           1          -1
 9   -3  3  1           3          18          18
     -2 -1 -1         -12          -6           0

37   74  6  1        -148         -37         -37
37    n  o  1          28           3           7
37   11  3  1         222         296         148
     -1 -1 -1        -112         -12         -28

45    2  6  1           1           0           2
 5    d  o  1          -1           0           0
 9   -3  3  1         -13         -30         -30
     -1  0 -1          15          10           2

56    1  6  1           0           1           0
 8    d  o  1          -1           0           0
 7   -1  3  1          -3          -4           0
      0  1  0           4           2           2

56    7  5  1          14           7           7
56    n  o  1          -4          -2          -3
 7   -1  3  1        -189        -112         -84
      1  2 -1          34          38           8

57   38  5  1         247          95          38
57    n  o  1         -31         -13          -4
19   -7  3  1        -304         114         -57
     -1  1 -1         -30          -4         -29

61  122  6  1         183           0           0
61    n  o  1          21          -8          10
61   -1  9  1       -8113        3294        5490
     -1 -1 -1        1335        -282        -654
```

63	6	5	1	15	-12		6
21	n	o	1	-3	2		-2
9	-3	3	1	-183	126		0
	-2	-1	-1	21	-18		24
63	42	5	1	-42	21		21
21	n	o	1	0	1		5
63	15	3	3	-1281	-756		126
	2	1	-1	525	156		66
63	42	5	1	399	-42		-168
21	n	o	1	-105	8		40
63	-12	6	3	42	63		63
	1	2	-1	42	9		3
65	2	4	1	3	1		2
5	d	o	1	1	1		0
13	5	3	1	-1	-8		-2
	0	0	-1	-5	0		-2
65	26	4	1	-26	13		26
65	d	o	2	2	-3		-4
13	5	3	1	52	26		39
	0	0	-1	6	4		1
72	1	6	1	0	-1		0
8	d	o	1	1	0		0
9	-3	3	1	25	-24		12
	-1	-1	-1	24	-14		8
72	3	5	1	-9	6		-3
24	n	o	1	3	-2		2
9	-3	3	1	-69	36		72
	-2	-1	-1	-24	6		30
73	146	6	1	2336	-219		584
73	n	o	1	-282	27		-70
73	-7	9	1	2482	1460		219
	-1	0	-1	-582	-126		-87
76	19	5	1	-171	-38		-57
76	n	o	1	39	9		13
19	-7	3	1	57	76		38
	-1	1	-1	-26	-6		4
77	14	5	1	70	-35		42
77	n	o	1	-8	3		-6
7	-1	3	1	-987	2310		3850
	2	1	-1	-107	230		450
84	1	5	1	-1	-1		-1
12	d	o	1	1	0		0
7	-1	3	1	-89	-66		-36
	1	2	-1	46	40		14

91	2	4	1	3	-2	1
13	d	o	1	-1	0	-1
7	-1	3	1	1	-2	-10
	0	0	-1	1	-2	-2
91	26	6	1	-13	0	0
13	d	o	1	-25	-8	-2
91	-16	6	3	-13	-65	-52
	-1	0	-1	-57	1	10
91	26	6	1	0	-13	-26
13	d	o	1	20	-1	-4
91	11	9	3	-23777	2886	9698
	0	1	-1	-6321	942	2754
93	62	5	1	279	-62	124
93	n	o	1	-13	2	-10
31	-4	6	1	155	279	0
	-2	-1	-1	-73	-15	-18
95	2	6	1	7	1	3
5	d	o	1	-1	1	-1
19	-7	3	1	-33	-10	-10
	-1	0	0	-3	-6	2
97	194	6	1	-5432	194	-1164
97	n	o	1	550	-20	118
97	-19	3	1	194	-388	388
	0	-1	-1	-284	-32	-44
99	6	5	1	0	12	3
33	n	o	1	0	-2	-1
9	-3	3	1	105	198	99
	-2	-1	-1	-33	-24	-21
104	1	6	1	-2	0	-1
8	d	o	1	0	-1	0
13	5	3	1	-23	36	-4
	-1	-1	-1	34	-14	12
104	13	6	1	26	0	-13
104	d	o	2	-2	3	4
13	5	3	1	6565	4212	3276
	-1	-1	-1	1374	786	528
105	14	5	1	28	7	-14
105	d	o	2	-2	-1	2
7	-1	3	1	-301	105	-315
	1	2	-1	-31	23	-11
109	218	6	1	17985	-3052	2834
109	n	o	1	-1701	288	-268
109	2	12	1	109	-109	-218
	0	-1	-1	67	-5	-12

117	2	6	1	-3	-1	3
13	d	o	1	-1	1	1
9	-3	3	1	-37	26	52
	-1	0	0	-13	2	12
117	26	6	1	-78	0	26
13	d	o	1	26	-2	-8
117	-21	3	3	26	-52	52
	0	-1	0	104	-16	-12
117	26	6	1	78	13	0
13	d	o	1	-26	-11	-6
117	6	12	3	26	-13	-26
	0	1	0	26	-3	-4
119	2	6	1	1	2	-2
17	d	o	1	-1	0	0
7	-1	3	1	87	-17	153
	1	1	-1	31	-25	-1
124	31	3	1	279	-124	93
124	n	o	1	-50	22	-17
31	-4	6	1	0	-31	-62
	0	0	-1	17	-5	-6
129	86	5	1	-23048	8944	-3870
129	n	o	1	2030	-788	342
43	8	6	1	-1236766	-490716	-335400
	-2	-1	-1	107848	43376	30424
133	14	5	1	-63	7	-105
133	n	o	1	5	-1	9
7	-1	3	1	-3577	-532	-1862
	1	2	-1	-11	-212	46
133	38	3	1	-133	190	247
133	n	o	1	13	-16	-21
19	-7	3	1	-323	-76	76
	0	0	-1	-17	-20	-12
133	266	5	1	-81928	-20216	-15029
133	n	o	1	7094	1754	1307
133	17	9	3	52535	-324786	-66766
	2	1	-1	119157	186	15342
133	266	5	1	-266	-1330	-1197
133	n	o	1	-52	122	121
133	-10	12	3	133	-133	-266
	-2	-1	-1	81	-11	-12
140	7	5	1	-21	0	7
140	d	o	2	2	1	-2
7	-1	3	1	3087	-1470	2870
	-1	1	-1	578	-362	276

152	1	6	1	1	1	-1	
8	d	o	1	2	1	1	
19	-7	3	1	-1291	-912	-76	
	-1	0	-1	-1236	-598	-222	
152	19	5	1	0	19	38	
152	n	o	1	4	-2	-5	
19	-7	3	1	8151	6916	3040	
	-1	1	-1	1758	660	-98	
153	2	4	1	-3	-5	-3	
17	d	o	1	1	1	1	
9	-3	3	1	-5	9	-3	
	0	0	-1	-3	1	-1	
155	2	6	1	-6	1	-3	
5	d	o	1	4	-1	1	
31	-4	6	1	-8	5	5	
	-1	0	0	-2	1	3	
156	1	5	1	-3	0	-1	
12	d	o	1	0	1	0	
13	5	3	1	-5	6	0	
	-2	-1	0	-4	2	-2	
156	13	5	1	-39	0	13	
156	d	o	2	2	-3	-4	
13	5	3	1	-14807	-9126	-6942	
	-2	-1	-1	-2426	-1444	-998	
157	314	6	1	-64998	12089	-5966	
157	n	o	1	5124	-955	470	
157	14	12	1	314	-157	157	
	-1	-1	-1	-100	13	1	
161	14	5	1	-189	126	280	
161	n	o	1	15	-10	-22	
7	-1	3	1	14	-322	-805	
	1	2	-1	-26	36	47	
168	1	5	1	2	-1	-1	
24	d	o	1	0	0	1	
7	-1	3	1	-11	-48	-156	
	1	2	-1	-30	38	40	
168	7	5	1	28	7	7	
168	d	o	2	-4	-2	-3	
7	-1	3	1	-7301	-6048	-2940	
	1	2	-1	1142	886	356	
171	6	3	1	-21	-39	-30	
57	n	o	1	3	5	4	
9	-3	3	1	-21	9	-18	
	0	0	-1	-3	3	0	

171	114	5	1	12882	−1710	−570
57	n	o	1	228	−178	−398
171	24	6	3	9903066	2860488	623124
	2	1	−1	−1563168	−326256	−20880
171	114	5	1	−114	0	114
57	n	o	1	0	2	−14
171	−3	15	3	114	−684	0
	2	1	−1	456	24	60
172	43	3	1	−645	215	−172
172	n	o	1	98	−33	26
43	8	6	1	43	−43	43
	0	0	−1	−26	7	1
180	3	5	1	−9	3	0
60	d	o	2	0	1	−1
9	−3	3	1	−717	450	90
	−2	−1	−1	−60	66	−120
181	362	6	1	2715	−181	724
181	n	o	1	−11	−7	−26
181	−7	15	1	−82717	14842	30770
	1	1	−1	8241	−1354	−1978
185	2	6	1	5	−3	−3
5	d	o	1	−1	−1	1
37	11	3	1	1977	5570	10160
	−1	−1	−1	9357	1602	−1096
185	74	6	1	−925	444	−111
185	d	o	2	65	−34	7
37	11	3	1	−21756	11285	−1480
	−1	−1	−1	1590	−789	194
193	386	6	1	−59637	−4246	−7913
193	n	o	1	4281	308	569
193	23	9	1	280236	−14475	−77200
	0	1	−1	−21900	1245	5430
201	134	3	1	22914	6365	4422
201	n	o	1	−1616	−449	−312
67	5	9	1	1876	469	268
	0	0	−1	−90	−43	−26
203	2	4	1	−15	−6	−8
29	d	o	1	1	2	0
7	−1	3	1	−15	−6	−8
	0	0	0	1	2	0
207	6	5	1	−33	15	−6
69	n	o	1	3	−3	0
9	−3	3	1	−615	−4968	−1242
	−1	1	−1	−621	−192	−366

209	38	3	1	−114	608	969
209	n	o	1	8	−42	−67
19	−7	3	1	−95	−57	19
	0	0	−1	−9	−5	−3
215	2	6	1	−1	0	3
5	d	o	1	−1	0	1
43	8	6	1	−693	−185	−180
	−1	−1	−1	205	123	62
217	14	5	1	−6349	2961	−4375
217	n	o	1	431	−201	297
7	−1	3	1	−637	1085	1519
	2	1	−1	−13	53	125
217	62	5	1	62	−4154	682
217	n	o	1	−4	282	−46
31	−4	6	1	10245066	5539576	1785476
	−2	−1	−1	−814216	−348416	−163800
217	434	5	1	−746914	11284	170996
217	n	o	1	50704	−766	−11608
217	29	3	3	−434	−868	−1736
	−1	−2	−1	−592	−52	12
217	434	5	1	−999502	−208320	−37541
217	n	o	1	67842	14142	2547
217	−25	9	3	−157759	−1953	−48825
	1	−1	−1	−17649	1311	−1527
221	2	6	1	1	2	2
17	d	o	1	1	0	0
13	5	3	1	19	17	17
	0	−1	0	7	3	1
221	26	5	1	−650	468	−195
221	d	o	2	40	−34	11
13	5	3	1	−1462331	1151852	−456586
	0	−1	−1	100021	−78252	28030
228	1	5	1	1	2	−1
12	d	o	1	3	1	1
19	−7	3	1	451	516	−78
	−1	1	−1	666	238	164
229	458	6	1	2564113	−141522	404643
229	n	o	3	−169297	9344	−26717
229	−22	12	1	229	−229	−458
	1	1	−3	143	−17	−12
231	2	5	1	12	5	5
33	d	o	1	−2	−1	−1
7	−1	3	1	662	561	264
	2	1	−1	−120	−91	−38

237	158	5	1	4345	237	790	
237	n	o	1	-285	-15	-50	
79	17	3	1	-621967	-533250	-865050	
	1	2	-1	177455	28570	170	
241	482	6	1	50610	-23136	6507	
241	n	o	1	-3258	1490	-419	
241	17	15	1	-157855	10845	36873	
	-1	0	-1	9729	-897	-2451	
247	2	6	1	-5	2	-1	
13	d	o	1	1	0	1	
19	-7	3	1	-115	182	208	
	-1	-1	-1	-51	38	56	
247	26	6	1	78	13	13	
13	d	o	1	-8	3	-1	
247	-31	3	3	-188799	32318	27352	
	-1	0	-1	-31295	8718	11264	
247	26	6	1	1092	195	78	
13	d	o	1	-86	-23	-14	
247	-4	18	3	-85384	11583	21177	
	-1	-1	-1	-23682	3099	5883	
248	1	4	1	-7	-2	-2	
8	d	o	1	2	2	0	
31	-4	6	1	-7	-2	-2	
	0	0	0	2	2	0	
248	31	5	4	651	-124	248	
248	n	o	1	-86	18	-28	
31	-4	6	1	-1705	868	1612	
	0	0	-1	-220	134	198	
			c3	-155	0	-62	
				22	-1	5	
252	3	5	1	-6	-3	0	
12	d	o	1	-3	-2	-1	
63	15	3	3	-3021	90	-1188	
	-1	1	-1	1932	-126	606	
252	3	3	1	-6	3	3	
12	d	o	1	-3	-1	1	
63	-12	6	3	3	-18	-27	
	0	0	-1	42	6	-3	
252	1	5	1	1	-3	0	
28	d	o	1	1	0	1	
9	-3	3	1	1	70	14	
	-1	-2	0	-28	-6	-16	
252	7	5	1	7	14	7	
28	d	o	1	-14	-1	2	
63	15	3	3	7	28	14	
	-1	1	0	-28	-2	4	

252	7	3	1	−7	7	−7
28	d	o	1	14	−3	−1
63	−12	6	3	−7	7	−7
	0	0	0	14	−3	−1
259	2	6	1	−8	−1	−4
37	d	o	1	0	−1	0
7	−1	3	1	−35	−74	0
	0	1	0	−17	−6	−8
259	74	6	1	296	37	0
37	d	o	1	16	7	4
259	−19	15	3	−333	74	74
	−1	−1	0	55	−6	−14
259	74	6	1	−3293	−703	−444
37	d	o	1	−667	−139	−86
259	8	18	3	−3589	407	−444
	0	1	0	651	−87	42
261	2	6	1	−7	3	−2
29	d	o	1	1	−1	0
9	−3	3	1	1307	−1044	522
	−1	−1	−1	−261	180	−102
268	67	5	1	364547	−92862	64454
268	n	o	1	−44537	11345	−7874
67	5	9	1	−267933	61774	67938
	−2	−1	−1	−7434	1098	12780
273	2	5	1	32	−9	10
21	d	o	1	−2	5	0
13	5	3	1	117161	−122094	31584
	−1	−2	−1	−35021	20918	−11048
273	14	5	1	−182	−49	−14
21	d	o	1	−40	−13	−2
91	−16	6	3	1484	525	63
	−2	−1	−1	410	107	31
273	14	3	1	56	7	7
21	d	o	1	−6	−3	−1
91	11	9	3	217	−42	14
	0	0	−1	29	−10	6
273	14	3	1	98	168	21
273	d	o	2	−6	−10	−1
7	−1	3	1	−112	−126	−105
	0	0	−1	8	4	−1
273	26	5	1	−143	117	−130
273	d	o	2	9	−7	8
13	5	3	1	−1885	−1365	−819
	−1	−2	−1	−133	−67	−59

273	182	5	1	728	910	728
273	d	o	2	-34	-66	-36
91	-16	6	3	-2232150466	783777540	975333996
	-2	-1	-1	137625416	-46672648	-58875920
273	182	3	1	2366	-455	-182
273	d	o	2	-138	29	12
91	11	9	3	3094	0	455
	0	0	-1	-12	50	5
277	554	4	1	-6934141	1096366	-333508
277	n	o	1	416745	-65892	20044
277	26	12	4	-554	277	-277
	2	2	-1	176	-19	-7
279	6	5	1	48	33	39
93	n	o	1	-6	-3	-3
9	-3	3	1	-161535	-177444	-112158
	-1	1	-1	15903	18732	12606
279	186	5	1	-5952	-1023	-93
93	n	o	1	-558	-111	-3
279	33	3	3	3710607	-108810	703080
	1	-1	-1	-457839	-2190	-73680
279	186	5	1	-5952	930	-651
93	n	o	1	-744	96	-15
279	-21	15	3	-233337	15066	45198
	1	2	-1	22599	-1278	-4770
280	1	6	1	-7	-5	-1
40	d	o	2	2	2	1
7	-1	3	1	-3219	-2660	-1120
	-1	1	-2	1056	822	386
280	7	5	1	-49	35	-7
280	d	o	2	6	-4	1
7	-1	3	1	707	-420	560
	-1	1	-1	-96	50	-58
285	38	5	1	-247	-38	-95
285	d	o	2	15	2	5
19	-7	3	1	2603	7410	5700
	-1	1	-1	-579	14	244
287	2	4	1	2	-5	-12
41	d	o	1	0	1	2
7	-1	3	1	22	19	4
	0	0	-1	4	3	2
296	1	6	1	9	-3	1
8	d	o	1	-4	3	0
37	11	3	1	-15271	7508	-1524
	0	-1	-1	10430	-5464	938

296	37	6	1	185	37		37
296	d	o	2	−16	−7		−4
37	11	3	1	−22755	10804		−2516
	0	−1	−1	−2478	1344		−194
301	14	3	1	−539	−329		−70
301	n	o	1	31	19		4
7	−1	3	1	91	−42		28
	0	0	−1	3	−2		4
301	86	5	1	2537	−1720		344
301	n	o	1	−159	104		−22
43	8	6	1	−215	301		−1204
	−1	1	−1	−171	51		38
301	602	5	1	124012	51471		−14147
301	n	o	1	−7138	−2967		817
301	−31	9	3	−549960411	−95338138		−15686916
	2	1	−1	31639443	5507010		920028
301	602	5	1	2281580	−324779		130333
301	n	o	1	−131514	18719		−7513
301	23	15	3	−2302951	542402		−839188
	−1	1	−1	436383	−49674		−15844
305	2	6	1	−34	9		−8
5	d	o	1	18	−3		4
61	−1	9	1	77	−30		20
	−1	−1	0	−57	6		−12
305	122	5	1	549	61		183
305	d	o	2	−25	−5		−9
61	−1	9	1	−4758	1525		2440
	−1	−1	−1	234	−63		−150
308	1	5	1	−1	−2		−6
44	d	o	1	−1	1		1
7	−1	3	1	−21	44		66
	1	2	0	4	−10		−22
309	206	3	1	−5768	1957		2575
309	n	o	1	326	−111		−147
103	−13	9	1	2781	−1236		−1648
	0	0	−1	−265	52		80
312	1	5	1	−3	3		5
24	d	o	1	1	0		−2
13	5	3	1	27709	−17928		−54636
	−2	−1	−1	−16304	4298		20110
312	13	5	1	195	117		91
312	d	o	2	−21	−14		−10
13	5	3	1	−3575	2808		−1404
	−2	−1	−1	−436	342		−90

313	626	6	1	9503306	−1661404		91396
313	n	o	1	−537158	93908		−5166
313	35	3	7	−626	−1252		−2504
	−1	2	−1	852	64		−12
315	2	4	1	−4	−7		−3
5	d	o	1	8	1		−1
63	15	3	3	−229	−96		−18
	0	0	−2	105	40		2
315	2	6	1	25	−3		−11
5	d	o	1	13	−1		−5
63	−12	6	3	−418	60		195
	1	2	−2	−210	14		79
315	6	5	1	−27	9		−15
105	d	o	2	3	−1		1
9	−3	3	1	321	945		945
	−2	−1	−1	−105	−63		−9
315	42	3	1	189	−63		−42
105	d	o	2	−21	5		4
63	15	3	3	−399	−126		−63
	0	0	−1	−21	−12		3
315	42	5	1	630	−168		−126
105	d	o	2	0	4		−22
63	−12	6	3	−452906958	111100500		31689000
	1	2	−1	14910000	−7829760		9172200
316	79	5	1	27887	−10507		790
316	n	o	3	−3138	1182		−89
79	17	3	1	237	316		158
	1	2	−3	114	6		20
323	2	6	1	6	−2		3
17	d	o	1	−2	0		−1
19	−7	3	1	−32	0		−17
	−1	0	0	6	−2		3
329	14	5	1	182	−2576		−3990
329	n	o	1	−10	142		220
7	−1	3	1	2646	−9212		−19740
	1	2	−1	−356	620		944
333	2	4	1	−13	2		−8
37	d	o	1	−1	2		0
9	−3	3	1	−13	2		−8
	0	0	0	−1	2		0
333	74	6	1	−740	−37		37
37	d	o	1	−296	−35		−15
333	−30	12	3	74	−37		37
	−1	−1	0	−74	7		3

333	74	6	1	4847	777	333	
37	d	o	1	629	143	87	
333	-3	21	3	-69745	-7030	-518	
	1	1	0	-4181	-1814	-1470	
335	2	4	1	-5	1	-2	
5	d	o	1	3	-1	0	
67	5	9	1	-17	4	18	
	0	0	-1	-19	4	6	
337	674	6	1	-12165700	1254651	-1059528	
337	n	o	1	662706	-68345	57716	
337	5	21	1	-41451	-9099	-3707	
	1	1	-1	3043	415	289	
341	62	5	1	4960	-1147	1798	
341	n	o	1	-270	63	-98	
31	-4	6	1	-10168	-8525	-1023	
	-1	1	-1	-1106	-333	-257	
344	1	4	1	-5	2	-2	
8	d	o	1	5	-2	0	
43	8	6	1	-43	8	38	
	0	0	-1	-46	10	24	
344	43	3	1	5719	-2150	946	
344	n	o	1	-616	232	-102	
43	8	6	1	2193	-688	-258	
	0	0	-1	-70	42	-80	
349	698	6	4	-65612	9074	7329	
349	n	o	1	3548	-486	-387	
349	-37	3	4	-2094	-2792	-1396	
	0	2	-1	-912	-12	68	
		c	-2	4886	698	0	
				248	40	6	
357	14	5	1	567	-301	392	
357	d	o	2	-29	17	-20	
7	-1	3	1	-367339	259182	-99246	
	2	1	-1	15983	-5942	19262	
360	1	6	1	7	-4	-5	
40	d	o	2	1	0	-2	
9	-3	3	1	-119	40	140	
	-2	-1	0	-40	18	44	
360	3	5	1	-21	-18	-15	
120	d	o	2	3	4	2	
9	-3	3	1	-22677	28260	-6840	
	-2	-1	-1	-6360	2634	-2898	
364	1	5	1	2	-1	-2	
28	d	o	1	0	0	1	
13	5	3	1	-629	-56	350	
	-1	-2	-1	2	-122	-236	

364	7	3	1	−14	−7		−7
28	d	o	1	−1	3		1
91	−16	6	3	28	14		49
	0	0	−1	57	−10		−1
364	7	5	1	−21	−21		−14
28	d	o	1	−34	−3		−1
91	11	9	3	−26994961	6817174		−3203382
	1	2	−1	10198242	−2574888		1214418
364	7	3	1	238	154		98
364	d	o	2	−25	−16		−10
7	−1	3	1	−175	−126		−28
	0	0	−1	18	16		10
364	13	5	1	−208	−169		−156
364	d	o	2	24	16		17
13	5	3	1	51519	−45136		38766
	−1	−2	−1	8094	−5862		−68
364	91	3	1	364	273		−91
364	d	o	2	−37	−29		9
91	−16	6	3	182	182		91
	0	0	−1	−61	−6		5
364	91	5	1	273	−273		182
364	d	o	2	−104	39		13
91	11	9	3	−84759493	11453806		35695842
	1	2	−1	−8873202	1195116		3742986
365	2	6	1	−8	1		−3
5	d	o	1	−6	1		−1
73	−7	9	1	−63	80		90
	−1	0	−1	109	−8		−30
365	146	6	1	511	73		146
365	d	o	2	−51	1		−8
73	−7	9	1	4287801	1473140		545310
	−1	0	−1	−228617	−76460		−29406
369	2	6	1	−14	7		−5
41	d	o	1	2	−1		1
9	−3	3	1	617	−369		−861
	−1	0	−1	123	−29		−115
371	2	6	3	−19	37		48
53	d	o	1	−1	3		8
7	−1	3	1	1857	−4452		−8162
	1	1	0	293	−620		−1098
			b1	−7	106		159
				−9	8		19
372	1	3	1	−11	−3		0
12	d	o	1	4	3		2
31	−4	6	1	157	69		27
	0	0	−1	−82	−43		−17

373	746	6	1	−5595	373	−1865	
373	n	o	1	−103	9	55	
373	−13	21	1	−148744194	14670836	26602360	
	−1	0	−1	6643496	−933756	−1447124	
377	2	6	1	66	−74	16	
29	d	o	1	−18	10	−6	
13	5	3	1	8354	−7076	2436	
	−1	−1	0	−1692	1232	−508	
377	26	5	1	273	208	169	
377	d	o	2	−15	−10	−9	
13	5	3	1	−14677	10933	−1131	
	−1	−1	−1	−579	485	−337	
380	19	5	1	589	−19	285	
380	d	o	2	−43	12	−27	
19	−7	3	1	−1750831	381900	−970330	
	−1	1	−1	214722	−18878	104064	
381	254	5	1	−4895977	1245743	−255524	
381	n	o	1	251521	−63997	13126	
127	20	6	1	−945007	−246126	−218694	
	1	2	−1	53631	12334	9494	
385	14	5	1	217	588	609	
385	d	o	2	−11	−30	−31	
7	−1	3	1	−1526	385	−2310	
	1	2	−1	−104	81	−8	
387	6	5	1	375	−261	57	
129	n	o	1	−33	23	−5	
9	−3	3	1	−1155	1161	−387	
	−2	−1	−1	129	−69	57	
387	258	5	1	99588	15867	15351	
129	n	o	1	−8772	−1397	−1351	
387	−39	3	3	150027	−69273	−20511	
	1	−1	−1	40377	−1857	2223	
387	258	5	1	299280	49020	17415	
129	n	o	1	−26316	−4310	−1531	
387	15	21	3	1248333	−135450	−222525	
	2	1	−1	−112875	11940	19305	
395	2	6	1	−21	−2	11	
5	d	o	1	15	−2	−5	
79	17	3	1	−2823	150	1180	
	−1	0	0	1291	−46	−516	
396	1	5	1	−5	−2	−1	
44	d	o	1	1	1	0	
9	−3	3	1	−8183	6072	−3366	
	−1	−2	−1	−2508	1862	−950	

397	794	4	1	9305283	-284649	1190603
397	n	o	1	-467897	14313	-59867
397	-34	12	4	-1191	-794	-397
	-2	0	-1	265	12	-11
399	2	3	1	7	3	6
21	d	o	1	1	-1	0
19	-7	3	1	11	24	60
	0	0	-1	15	-8	-4
399	14	3	1	-161	-14	-21
21	d	o	1	13	8	3
133	17	9	3	2079	-434	112
	0	0	-1	381	-94	40
399	14	5	1	175	35	7
21	d	o	1	53	3	-5
133	-10	12	3	-44485	4452	-9471
	-2	-1	-1	10791	-1222	1675
399	2	5	1	-10	-1	-4
57	d	o	1	0	1	0
7	-1	3	1	173	171	57
	1	2	0	-29	-19	-11
399	38	3	1	-152	19	0
57	d	o	1	-6	3	-2
133	17	9	3	-152	19	0
	0	0	0	-6	3	-2
399	38	5	1	-4142	38	646
57	d	o	1	-552	6	86
133	-10	12	3	-938410	101916	-170772
	-2	-1	0	124832	-13160	22856
403	2	6	1	-19	5	-6
13	d	o	1	-5	1	-2
31	-4	6	1	-180	-65	-481
	-1	0	-1	-230	83	33
403	26	6	1	1209	-247	-234
13	d	o	1	-283	67	72
403	-37	9	3	-9705490509	1467010090	1706398018
	1	0	-1	2670526035	-406406142	-476073822
403	26	6	1	-403	-52	-26
13	d	o	1	83	16	12
403	17	21	3	-28379	-4186	-2444
	0	1	-1	7251	1202	804
409	818	6	1	245507976	-9499843	29512213
409	n	o	1	-12139588	469737	-1459285
409	-31	15	1	-60532	-18814	2045
	1	1	-1	-7914	-744	-503

412	103	5	1	12171922	-1144227	2724865
412	n	o	1	-1199335	112744	-268489
103	-13	9	1	-2918397159	840663340	1194176850
	-1	1	-1	-287207118	82938090	117694800
413	14	5	1	2933	-1659	1974
413	n	o	1	-143	79	-102
7	-1	3	1	-199925439	449110242	809057914
	2	1	-1	-9829049	22091486	39817854
417	278	5	1	-255204	67554	-1529
417	n	o	1	12498	-3308	75
139	23	3	1	-573514	-62550	-93825
	1	-1	-1	-14606	-6600	-4275
420	1	5	1	5	-7	-8
60	d	o	2	0	-1	-3
7	-1	3	1	1	30	90
	0	3	0	-10	14	16
421	842	6	1	-74096	5052	-2947
421	n	o	1	3472	-238	129
421	-19	21	1	-471099	61466	117880
	1	1	-1	33591	-3642	-4624
423	6	5	1	-27	-30	-9
141	n	o	1	3	2	1
9	-3	3	1	-13530	10152	-5076
	-2	-1	-1	-1128	828	-468
427	2	6	1	-39	-30	-12
61	d	o	1	5	4	2
7	-1	3	1	37883	36234	12078
	0	1	-1	-5955	-4026	-2310
427	122	6	1	183	-61	61
61	d	o	1	-97	9	5
427	41	3	3	-2824483	41846	418460
	-1	0	-1	-323883	-266	53844
427	122	6	1	-36844	-5307	-488
61	d	o	1	-3798	-545	-52
427	-40	6	3	-35868	2257	-6039
	1	1	-1	7430	125	815
429	2	5	1	-39	-24	-17
33	d	o	1	7	4	3
13	5	3	1	-922	528	-297
	-2	-1	-1	-112	122	-29
429	26	5	1	2223	-1833	650
429	d	o	2	-113	85	-34
13	5	3	1	-11253931	8943792	-3884166
	-2	-1	-1	572413	-444056	142850

433	866	6	1	74280038056	-6363464126	6019748726
433	n	o	1	-3569670822	305808570	-289290662
433	2	24	1	-275971151410	23641425888	-22426027796
	1	0	-1	13284676352	-1138109312	1073667456
437	38	5	1	-4294	665	-2242
437	n	o	1	210	-29	108
19	-7	3	1	-33327767	4883038	-17244894
	-2	-1	-1	1595651	-236062	822134
444	1	5	1	7	3	1
12	d	o	1	4	1	2
37	11	3	1	-713	-360	-390
	-1	-2	0	-584	-190	-110
444	37	5	1	703	-111	-407
444	d	o	2	-70	11	38
37	11	3	1	-3281789	-1279830	-1041624
	-1	-2	-1	-299554	-122716	-106838
453	302	3	1	-13137	3322	3775
453	n	o	1	487	-148	-203
151	-19	9	1	309701	-79728	-109324
	0	0	-1	-16407	3824	4788
455	2	6	1	71	22	4
5	d	o	1	-33	-10	-2
91	-16	6	3	697	225	40
	-2	-1	-2	-343	-97	-22
455	2	6	1	73	24	18
5	d	o	1	-37	-10	-6
91	11	9	3	-56623	-19090	-14740
	-1	1	-2	30093	7894	4580
455	2	4	1	3	5	15
65	d	o	2	1	-1	-1
7	-1	3	1	3	5	15
	0	0	0	1	-1	-1
455	26	6	1	-19552	1066	-4888
65	d	o	2	-2274	174	-600
91	-16	6	3	15334046	-910260	4141800
	-2	-1	0	1976856	-138720	481368
455	26	6	1	-169	-52	-39
65	d	o	2	-11	-4	-3
91	11	9	3	-234	65	0
	-1	1	0	22	-5	6
456	1	5	1	4	-1	2
24	d	o	1	-2	0	-1
19	-7	3	1	13	0	12
	-1	1	0	-8	2	-2

456	19	5	1	−266	323		380
456	d	o	2	22	−30		−37
19	−7	3	1	−1861601	2088252		2645712
	−1	1	−1	185818	−188916		−246342
457	914	6	1	5967779226590	−413150621500		543860206786
457	n	o	1	−279160937624	19326370916		−25440707422
457	−10	24	1	369017446	−37574540		−70041648
	−1	0	−1	18986112	−1876952		−3119288
465	62	5	1	2046	−3658		1922
465	d	o	2	−124	186		−62
31	−4	6	1	445846320842	213958385400		84176161860
	−2	−1	−1	−20676308328	−9921712688		−3902991016
468	3	5	1	−57	3		15
12	d	o	1	27	0		−9
117	−21	3	3	−645	162		0
	−1	−2	0	−324	90		−18
468	3	3	1	57	−9		−9
12	d	o	1	12	−3		−9
117	6	12	3	57	−9		−9
	0	0	0	12	−3		−9
468	3	5	1	60	−45		21
156	d	o	2	−9	7		−4
9	−3	3	1	−16845	6786		18954
	−2	−1	−1	−2652	1026		3048
468	39	5	1	39	117		195
156	d	o	2	−117	−16		1
117	−21	3	3	−6789705	−1870362		−1748682
	−1	−2	−1	1032564	313920		278574
468	39	3	1	39	39		39
156	d	o	2	0	−7		−5
117	6	12	3	39	0		117
	0	0	−1	78	−12		−3
469	14	5	1	−7406	3724		−5026
469	n	o	3	342	−172		232
7	−1	3	1	483	938		3752
	2	1	−3	−89	106		96
469	134	5	3	−102561255	26127655		−18162494
469	n	o	3	4735839	−1206463		838666
67	5	9	1	−27487487	7022806		−5240606
	−1	1	−3	1318203	−334878		216222
			b2	17487	−5628		13601
				−2193	558		99
469	938	5	1	−427728	1876		−56749
469	n	o	3	19760	−88		2619
469	−43	3	3	−938	−1876		−3752
	−1	1	−3	1216	−92		−12

469	938	5	1	55580721	−1567867	−8850030
469	n	o	3	−2567301	72421	408788
469	38	12	3	1407	938	469
	−2	−1	−3	325	12	25
473	86	5	4	8856538	−3386680	1504140
473	n	o	3	−407224	155720	−69160
43	8	6	1	50998	−18920	9460
	0	0	−3	−2336	920	−360
		c	−3	−2752	1376	−430
				166	−48	30
476	7	5	1	−49	91	133
476	d	o	2	5	−8	−12
7	−1	3	1	−83055	−65926	−29988
	1	2	−1	−7514	−6088	−2650
477	2	4	1	20	7	15
53	d	o	1	0	−3	−1
9	−3	3	1	301	−240	210
	0	0	−1	57	−40	10
481	2	6	1	2	−2	−7
13	d	o	1	−4	0	1
37	11	3	1	220729	92690	83200
	−1	−1	−1	66143	25190	19800
481	26	6	1	−58097	−7722	−6682
13	d	o	1	−16031	−2142	−1868
481	41	9	3	72154200573	−9859570474	1277833908
	0	1	−1	−20879170581	2618986962	−454798716
481	26	6	1	1274	169	91
13	d	o	1	116	21	15
481	14	24	3	117	130	143
	−1	−1	−1	323	16	−9
481	2	6	1	4	−4	−5
37	d	o	1	0	0	1
13	5	3	1	−4586	2072	7252
	−1	−1	−1	788	−308	−1176
481	74	6	1	−16502	1332	4292
37	d	o	1	4852	66	−458
481	41	9	3	−15687033930	−2082293992	−1801577508
	0	1	−1	−2561317080	−342682548	−298886124
481	74	6	1	32782	4773	2849
37	d	o	1	−5396	−779	−461
481	14	24	3	71003	10730	6290
	−1	−1	−1	−12297	−1710	−1030
481	26	6	1	5239	1976	65
481	d	o	2	−239	−90	−3
13	5	3	1	−139945	77441	121693
	−1	−1	−1	1739	115	−6923

481	74	6	1	16909	-9694	1184	
481	d	o	2	-771	442	-54	
37	11	3	1	-4736	962	2405	
	-1	-1	-1	-124	-8	117	
481	962	6	1	-10944674	-1458873	-1267435	
481	d	o	2	499028	66519	57791	
481	41	9	3	-172030131	-23022103	-19937931	
	0	1	-1	7875069	1045053	910623	
481	962	6	1	-3999034	-578162	-344396	
481	d	o	2	182368	26358	15696	
481	14	24	3	-26197483182	1804109788	4442591036	
	-1	-1	-1	-1195285424	82135208	202496232	
483	2	5	1	73	-41	52	
69	d	o	1	-9	5	-6	
7	-1	3	1	-13591	-9936	-58374	
	1	2	-1	4123	-4392	-3042	
485	2	6	1	127	27	10	
5	d	o	1	-31	-13	2	
97	-19	3	1	15199757	-882730	4365080	
	0	-1	-1	8063399	-33150	1987552	
485	194	6	1	2231	291	485	
485	d	o	2	31	-17	13	
97	-19	3	1	2584274	549020	1934180	
	0	-1	-1	287924	-36600	19612	
488	1	6	1	-8	3	-2	
8	d	o	1	9	-1	2	
61	-1	9	1	-1767	476	-412	
	-1	-1	-1	1494	-246	336	
488	61	6	1	732	-61	122	
488	d	o	2	-37	17	-6	
61	-1	9	1	2941237	1140700	508740	
	-1	-1	-1	288522	98550	51120	
489	326	3	1	292633737	-5076472	61651164	
489	n	o	1	-13233355	229566	-2787962	
163	-25	3	4	-23146	3912	5379	
	2	4	-1	-642	274	245	
495	6	5	1	-33	21	30	
165	d	o	2	3	-1	-2	
9	-3	3	1	34161	40590	25740	
	-2	-1	-1	2805	3054	2052	
497	14	3	1	23408	18571	8428	
497	n	o	1	-1050	-833	-378	
7	-1	3	1	-3612	-3185	-1176	
	0	0	-1	182	133	70	

504	1	6	1	−11	−5	−1	
8	d	o	1	−9	−3	0	
63	15	3	3	73	36	0	
	−1	1	0	72	24	6	
504	1	4	1	11	−6	0	
8	d	o	1	−12	2	−2	
63	−12	6	3	11	−6	0	
	0	0	0	−12	2	−2	
504	3	5	1	27	−9	−15	
24	d	o	1	15	−5	−4	
63	15	3	3	4514331	−1587924	−1806948	
	−1	1	−1	1845480	−647946	−737100	
504	3	3	1	27	0	−6	
24	d	o	1	−6	2	4	
63	−12	6	3	255	90	72	
	0	0	−1	84	42	30	
504	1	5	1	8	−3	−7	
56	d	o	1	−2	1	2	
9	−3	3	1	−839	−756	−588	
	−1	−2	−1	−168	−244	−134	
504	7	5	1	−91	−7	−21	
56	d	o	1	7	−3	6	
63	15	3	3	−10152401	323484	−3984372	
	−1	1	−1	3009720	−190618	946360	
504	7	3	1	91	−28	14	
56	d	o	1	−28	8	−2	
63	−12	6	3	−581	42	252	
	0	0	−1	−168	22	68	
504	3	5	1	18	9	−21	
168	d	o	2	−6	1	2	
9	−3	3	1	−230325	198828	−213948	
	−1	−2	−1	−60312	40464	−4842	
504	21	5	1	−315	147	147	
168	d	o	2	63	−17	−22	
63	15	3	3	−109347	−44100	−5796	
	−1	1	−1	−16968	−6726	−744	
504	21	3	1	−315	−126	−84	
168	d	o	2	42	20	16	
63	−12	6	3	1785	882	630	
	0	0	−1	−336	−120	−96	
508	127	3	1	4318	1905	−4699	
508	n	o	1	−383	−169	417	
127	20	6	1	254	254	127	
	0	0	−1	91	6	13	

```
511    2   6   1           18              -9              -25
 73    d   o   1           -2               1                3
  7   -1   3   1         -290             876             1825
       1   1  -1           66            -122             -191

511  146   6   1       134904           -2190           -20586
 73    d   o   1       -14958             362             2506
511   44   6   3   92654295014     -1328511816     -13809017844
       1   1  -1   -11136577032      118371432       1582282320

511  146   6   1         7081             803              292
 73    d   o   1         -821             -93              -34
511  -37  15   3       -34018            4015             5402
      -1   0  -1        -3880             515              620

515    2   6   1          -25               8               13
  5    d   o   1          -15               4                5
103  -13   9   1        -5263            -370              540
      -1  -1  -1          563             682              492

516    1   3   1          -40             -15               -9
 12    d   o   1           21               9                7
 43    8   6   1          586             294              171
       0   0  -1         -427            -136             -113

520    1   4   1           -7               4               -4
 40    d   o   2           -2               2                0
 13    5   3   1           -7               4               -4
       0   0   0           -2               2                0

520   13   4   1          429            -208             -572
520    d   o   4          -38              18               50
 13    5   3   1         -663            -364             -312
       0   0  -2          -54             -36              -22

527    2   6   1         -346             794              960
 17    d   o   1         -364              58              180
 31   -4   6   1  -36509568769030  -17520090317564  -6892400058996
      -1  -1  -1    8854891753360    4249241269608    1671660070216

531    6   5   1          318             -39             -240
177    n   o   1          -24               3               18
  9   -3   3   1       -20703            7965            23895
      -1   1  -1         1593            -645            -1785

532    1   3   1           -7               2                4
 28    d   o   1            0              -2               -2
 19   -7   3   1           -7               2                4
       0   0   0            0              -2               -2

532    7   5   1          287             -21               28
 28    d   o   1           26             -26               -1
133   17   9   3       113869          -27384            13426
       1   2   0        51684          -11070             2238
```

532	7	3	1	28	7	0	
28	d	o	1	11	3	2	
133	-10	12	3	28	7	0	
	0	0	0	11	3	2	
532	1	5	1	-9	4	-9	
76	d	o	1	2	-1	2	
7	-1	3	1	761	-418	570	
	-1	1	-1	-182	102	-116	
532	19	5	1	152	-114	-209	
76	d	o	1	-187	-11	20	
133	17	9	3	182911537	52532530	45021336	
	1	2	-1	52055214	11207472	7011102	
532	19	3	1	-589	57	-76	
76	d	o	1	120	-17	16	
133	-10	12	3	5263	-323	893	
	0	0	-1	-896	151	-179	
533	2	6	1	39	-17	-66	
41	d	o	1	-7	3	10	
13	5	3	1	-466660	364203	1039924	
	-1	-1	-1	123976	-25931	-139938	
533	26	6	1	507	312	208	
533	d	o	2	-21	-14	-10	
13	5	3	1	964223	589498	425334	
	-1	-1	-1	-42117	-25270	-18466	
536	1	6	1	-4	1	-1	
8	d	o	1	4	-1	0	
67	5	9	1	181	-48	52	
	-1	-1	-1	-170	42	-16	
536	67	5	1	11658	-2747	2010	
536	n	o	1	-1006	237	-173	
67	5	9	1	1515607	538948	308736	
	-2	-1	-1	-135932	-45286	-27510	
541	1082	6	1	97380	1623	5951	
541	n	o	1	-4078	-81	-251	
541	29	21	1	-50654371	5151402	-2289512	
	1	1	-1	-2150707	225538	-95312	
545	2	6	1	-279	50	-44	
5	d	o	1	127	-22	20	
109	2	12	1	-143	30	-20	
	0	-1	0	69	-10	12	
545	218	5	1	-87636	20710	-4796	
545	d	o	2	4706	-618	348	
109	2	12	1	-1360958690182422	-386123450046100	-203760496274260	
	0	-1	-1	-58296246804552	-16539855481152	-8728011552424	

```
549    2   6   1           16              -27                 2
 61    d   o   1           -4                1                -2
  9   -3   3   1        -1645              122              -854
      -1  -1   0           61             -186                -2

549  122   6   1       148718            20496              3355
 61    d   o   1       -17690            -2438              -399
549   42  12   3          122              122                61
      -1   0   0         -122               -4                 5

549  122   6   1       -18727            -2867             -2196
 61    d   o   1         2623              343               288
549  -39  15   3      6954671          -780434            198860
       1   1   0       898591           -99018             26020

551    2   6   1          103              -10                63
 29    d   o   1          -21                4                -9
 19   -7   3   1     -2717675          2890894           3706896
      -1  -1  -1      -500429           536146            690568

553   14   5   1       102459          -188692           -283038
553    n   o   1        -4357             8024             12036
  7   -1   3   1        -6622            -5530            -2765
       1   2  -1         -286             -220              -85

553  158   5   1    -45868664         16010930         -1928943
553    n   o   1      1950534          -680854            82027
 79   17   3   1       465784          -185255            53088
      -1   1  -1       -26120             8151              310

553 1106   5   1     -3222884           655858          2260664
553    n   o   1       137090           -27894           -96140
553  -22  24   3 -3134859900942  -382865477708  -163457463148
      -1   1  -1  113052877472     17321642392     5086836360

553 1106   5   1   -46492074251      3461407278       7376408935
553    n   o   1     1977044101      -147194010       -313676815
553    5  27   3      -89751900       -11993464         -6196365
      -2  -1  -1       -3697422         -518886          -282603

556  139   5   7      1610454          -420614            35723
556    n  r2   1      -136597            35676            -3030
139   23   3   1          139             -278              278
       2   1  -1         -170               26               20

559    2   6   1          -21                8               -3
 13    d   o   1            5               -2                1
 43    8   6   1          -11                0               13
      -1   0   0           -7                2                3

559   26   6   1        -1703             -208             -195
 13    d   o   1         -479              -56              -55
559   47   3   3        23855             3666             3094
       1   0   0         8449              782              866
```

559	26	6	1	12168	-754	-1638
13	d	o	1	2642	-310	-500
559	-7	27	3	-4734626	408044	765648
	-1	-1	0	-1351488	115764	209316
572	1	5	1	8	43	8
44	d	o	1	19	0	7
13	5	3	1	-10371371	8030682	-3082486
	-2	-1	-1	3079046	-2450452	908250
572	13	5	1	-182	-13	104
572	d	o	2	1	-8	-15
13	5	3	1	-22058023	-13399958	-9779198
	-2	-1	-1	-1851178	-1117812	-807526
577	1154	6	1	-1629923448	133393168	-102192470
577	n	o	7	67854598	-5553230	4254328
577	11	27	1	-33855231506	-4527070452	-2566694488
	-1	0	-7	1409115276	188490216	106812948
581	14	3	1	10080	8071	3591
581	n	o	1	-418	-335	-149
7	-1	3	1	10143	1330	5292
	0	0	-1	-5	-286	68
584	1	6	1	-7	2	0
8	d	o	1	-7	1	0
73	-7	9	1	717	280	84
	-1	-1	0	-614	-182	-84
584	73	5	1	-2263	730	1168
584	d	o	2	191	-61	-96
73	-7	9	1	10877	-3796	-6424
	-1	-1	-1	-1092	322	490
585	2	6	1	-59	1	18
5	d	o	1	-29	1	8
117	-21	3	3	53627	-1500	-15750
	-1	-2	-2	24375	-580	-6950
585	2	6	1	-59	10	18
5	d	o	1	-29	4	8
117	6	12	3	-26518	4890	8145
	1	2	-2	-11310	2108	3745
585	2	6	1	16	-7	-16
65	d	o	2	-2	1	2
9	-3	3	1	-2533	-2145	-975
	-1	1	-2	-195	-313	-257
585	26	6	1	143	78	104
65	d	o	2	-13	-10	-14
117	-21	3	3	-1158469	293085	-35295
	-1	-2	-2	-138255	37943	-2915

585	26	6	1	7462	1560	286	
65	d	o	2	520	268	158	
117	6	12	3	-482335727614	64399329540	-89412264240	
	1	2	-2	59835154080	-7984949992	11091403744	
589	38	5	4	-22933	24149	30628	
589	n	o	1	945	-995	-1262	
19	-7	3	1	-5263	-3534	-1178	
	0	0	-1	-239	-118	-10	
			c2	-171	-209	-114	
				-13	-3	2	
589	62	5	1	-8959	2015	-1798	
589	n	o	1	369	-83	74	
31	-4	6	1	1240	4123	-589	
	-2	-1	-1	-458	-75	-121	
589	1178	5	1	7071534	-723881	67735	
589	n	o	1	-291378	29827	-2791	
589	41	15	3	-471416163	-25428308	-36872578	
	-2	-1	-1	-7766645	-2342740	-1199190	
589	1178	5	1	-40281121	-7932063	-4686673	
589	n	o	1	1659755	326835	193111	
589	-13	27	3	1105991805	766027484	6745872366	
	-1	1	-1	2376826365	-175641564	-80227362	
595	2	6	1	-14	9	-13	
85	d	o	2	-2	1	-1	
7	-1	3	1	-253	170	-170	
	1	2	0	-31	14	-22	
597	398	5	1	2929479	-308251	-802368	
597	n	o	1	-119903	12617	32838	
199	11	15	1	-166103509	-33394986	-19049076	
	2	1	-1	-6199055	-1429782	-943908	
601	1202	6	1	21825163864126	-2040868029070	1036234153684	
601	n	o	1	-890267003356	83248743322	-42268872780	
601	26	24	1	11784034467682	-1102014723948	559479787588	
	0	-1	-1	-480714546664	44947852760	-22824429888	
603	6	5	1	-1659	312	-822	
201	n	o	1	117	-22	58	
9	-3	3	1	-37983	-16281	4824	
	-1	1	-1	201	2127	2478	
603	402	5	1	1799621742	-18178842	-228586446	
201	n	o	1	-126935520	1282238	16123246	
603	-48	6	3	-44143909920390	442230489288	5600525018148	
	1	-1	-1	3113662615584	-31190426832	-395030187120	
603	402	5	1	-402	-14271	-10653	
201	n	o	1	0	1009	755	
603	33	21	3	121605	-12663	-18693	
	-2	-1	-1	9849	-915	-1203	

604	151	5	1	9701146	-575914	1953789
604	n	o	1	-789459	46865	-159000
151	-19	9	1	-837020331	201886094	260485268
	2	1	-1	-65646954	16278288	21683094
609	14	3	1	-469	1407	-567
609	d	o	2	19	-57	23
7	-1	3	1	-49	-147	-189
	0	0	-1	5	-1	-5
612	3	3	1	-18	18	-12
204	d	o	2	3	-2	2
9	-3	3	1	-69	72	-18
	0	0	-1	12	-6	6
613	1226	6	1	-943407	-449329	-226810
613	n	o	1	153941	4613	10946
613	47	9	1	-593101722695	-136560476712	295481201174
	-1	-1	-1	140376795117	-8087885472	-10140130314
616	1	5	3	10	-13	-17
88	d	o	1	0	-2	-5
7	-1	3	1	-351	748	1276
	1	2	0	-62	148	282
			b2	-111	-88	-44
				24	18	8
616	7	5	1	224	371	35
616	d	o	2	-18	-30	-3
7	-1	3	1	-108101	-88704	-41580
	1	2	-1	8814	6906	2904
620	31	3	1	1364	-310	465
620	d	o	2	-107	26	-37
31	-4	6	1	3286	-775	930
	0	0	-1	-223	51	-100
623	2	6	1	-9	18	-11
89	d	o	1	1	-2	1
7	-1	3	1	269	1691	2225
	0	1	-1	-131	51	179
627	2	3	1	-16	12	15
33	d	o	1	2	-2	-3
19	-7	3	1	83	-69	-87
	0	0	-1	-9	13	17
629	2	6	1	16	-5	-1
17	d	o	1	-2	1	-1
37	11	3	1	3827	-5049	-11781
	0	-1	-1	5397	561	-1353
629	74	6	1	5069	-444	-3108
629	d	o	2	-183	24	130
37	11	3	1	-4520300249	-1807065422	-1523001474
	0	-1	-1	-180336349	-72042646	-60657970

632	1	6	3	−70	36	1
8	d	r	1	−75	18	−6
79	17	3	1	−107	36	0
	0	1	0	−66	24	−6
632	79	5	1	35471	10191	9085
632	n	o	1	−2804	−817	−722
79	17	3	1	−66008529	23300892	−3191284
	1	2	−1	−5389358	1859894	−197352
633	422	5	1	−91413640	15698189	24736585
633	n	o	1	3633366	−623947	−983191
211	−13	15	1	−467998	−134829	−68364
	−1	1	−1	−25880	−4107	−738
635	2	4	1	15	−3	−1
5	d	o	1	−3	1	−1
127	20	6	1	149	−4	−51
	0	0	−1	75	−6	−23
639	6	5	4	−846	639	−426
213	n	o	1	66	−47	20
9	−3	3	1	−53031	20448	60066
	0	0	−1	−3621	1464	4134
			c3	96	−63	−177
				12	−3	−9
644	1	5	1	32	39	6
92	d	o	1	−11	−6	−5
7	−1	3	1	−19457	−14306	−7268
	−1	1	0	3658	3204	1238
645	86	5	1	−13803	2838	9116
645	d	o	2	545	−112	−360
43.	8	6	1	24596	10965	7095
	−1	−2	−1	1086	389	289
651	2	5	1	−74	41	67
21	d	o	1	16	−9	−15
31	−4	6	1	1115	−672	−1197
	−1	−2	−1	−301	158	241
651	14	5	1	42	−7	−7
21	d	o	1	−22	1	3
217	29	3	3	−557977	116592	−8778
	−1	−2	−1	122037	−25528	1690
651	14	5	4	791	−231	−294
21	d	o	1	281	−43	−52
217	−25	9	3	−115633	378	12684
	0	0	−1	−277	5170	3764
			c2	476	70	21
				−80	−18	−5
651	2	5	1	−54	−20	−26
93	d	o	1	−2	−4	0
7	−1	3	1	−3346	−2976	−1116
	2	1	0	−392	−284	−148

651	62	5	1	-1395	-31	-124
93	d	o	1	-5	27	20
217	29	3	3	447113	236406	138942
	-1	-2	0	-127183	-7618	-15602
651	62	5	4	-961	0	-186
93	d	o	1	95	-8	14
217	-25	9	3	-961	0	-186
	0	0	0	95	-8	14
			c3	-527	93	93
				-25	7	11
652	163	5	4	-574412	13040	-115078
652	n	o	1	44990	-1021	9014
163	-25	3	4	489	652	326
	-2	2	-1	-212	-6	22
			c2	815	163	0
				-60	-14	-3
657	2	4	1	25	13	17
73	d	o	1	-1	-3	-1
9	-3	3	1	25	13	17
	0	0	0	-1	-3	-1
657	146	6	1	146	0	0
73	d	o	1	-146	-18	-2
657	51	3	9	146	-292	-584
	1	2	0	584	-36	-4
657	146	6	1	-255938	12118	35624
73	d	o	1	-27448	1750	4396
657	-30	24	9	10615514	-1646588	2917664
	-1	-2	0	-4566880	332008	98080
661	1322	6	1	-12705081	122946	-1451556
661	n	o	1	488339	-4704	55842
661	-49	9	1	-193632679	-71982900	-33112134
	-1	0	-1	-23756139	-880044	874698
665	2	6	1	216	54	40
5	d	o	1	98	24	18
133	17	9	3	-218	-60	-40
	1	2	0	-108	-24	-20
665	2	4	1	9	3	2
5	d	o	1	-5	-1	0
133	-10	12	3	9	3	2
	0	0	0	-5	-1	0
665	14	5	1	-672	210	-406
665	d	o	2	26	-8	16
7	-1	3	1	-18606	31920	61180
	-1	1	-1	-472	1444	2460
665	38	3	1	7182	-7505	-9690
665	d	o	2	-278	291	376
19	-7	3	1	7258	-5130	-7505
	0	0	-1	-156	268	309

665	266	5	1	−7182	−1463	−665	
665	d	o	2	296	61	29	
133	17	9	3	253631	75145	65835	
	1	2	−1	12731	2669	1609	
665	266	3	1	261478	−59584	46284	
665	d	o	2	−8928	2040	−2224	
133	−10	12	3	78259062	−33942132	−43032416	
	0	0	−1	5668784	−627272	−1414104	
669	446	5	1	2307381	−577570	−753963	
669	n	o	1	−88509	22310	29269	
223	−28	6	1	110831	2007	30774	
	−2	−1	−1	6355	−355	688	
673	1346	6	1	−15784891960	529192687	−1464703740	
673	n	o	1	608462870	−20398879	56460180	
673	−37	21	1	−96321779	2944375	−8833125	
	−1	0	−1	3573575	−130725	335825	
679	2	4	1	89	−49	69	
97	d	o	1	−9	5	−7	
7	−1	3	1	29	−23	11	
	0	0	−1	−3	1	−3	
679	194	6	1	10864	194	679	
97	d	o	1	−1028	−12	−65	
679	23	27	3	−2363459805	119500799	340324209	
	0	−1	−1	−250727691	13038585	34029921	
679	194	4	1	931976	128040	67512	
97	d	o	1	106834	12128	5152	
679	−4	30	12	499162	−121832	39188	
	−2	−2	−1	−148040	224	−9784	
684	3	3	1	−150	12	−15	
12	d	o	1	45	2	19	
171	24	6	3	8211	−1755	−2070	
	0	0	−1	4902	−1005	−1170	
684	3	5	1	321	84	45	
12	d	o	1	183	49	26	
171	−3	15	3	86187	−19116	10350	
	−2	−1	−1	−69540	5802	−8766	
684	1	3	1	−25	8	22	
76	d	o	1	−4	2	6	
9	−3	3	1	−25	8	22	
	0	0	0	−4	2	6	
684	19	3	1	19	38	19	
76	d	o	1	−38	−2	3	
171	24	6	3	19	38	19	
	0	0	0	−38	−2	3	

684	19	5	1	−19	−95	−76	
76	d	o	1	95	14	−3	
171	−3	15	3	225283	−27550	−66386	
	−2	−1	0	59660	−7438	−14244	
689	2	4	1	25	14	6	
53	d	o	1	−3	−2	−2	
13	5	3	1	25	14	6	
	0	0	0	−3	−2	−2	
689	26	3	1	7904	−3263	−12324	
689	d	o	4	−300	125	470	
13	5	3	1	44642	27664	20163	
	0	0	−2	1740	1030	745	
693	6	3	1	−9	3	−9	
33	d	o	1	3	−1	1	
63	15	3	3	−57	45	36	
	0	0	−1	−21	3	6	
693	6	5	1	2718	−750	360	
33	d	o	1	−444	158	−32	
63	−12	6	3	36911992687422	−3783173935860	−15489565496460	
	−1	1	−1	6447461220816	−665486607240	−2694133902240	
693	2	5	1	−177	48	189	
77	d	o	1	−19	10	23	
9	−3	3	1	−93207805	−121417758	−88103862	
	−1	−2	−1	12916827	12930546	7430802	
693	14	3	1	−210	−7	−56	
77	d	o	1	14	−3	6	
63	15	3	3	3101	−126	1008	
	0	0	−1	−315	18	−120	
693	14	5	1	−1974	−826	−623	
77	d	o	1	224	94	71	
63	−12	6	3	−19390	3465	−2772	
	−1	1	−1	−1386	741	−54	
695	2	6	3	−76	13	11	
5	d	o	1	0	−5	5	
139	23	3	1	−57623	1250	17000	
	1	0	0	−26195	690	7600	
			b2	−304	−25	25	
				−22	15	35	
703	2	4	1	100	20	−28	
37	d	o	1	10	12	8	
19	−7	3	1	10102	6652	860	
	0	0	−1	2028	1040	332	
703	74	6	1	−255929	−28786	−2109	
37	d	o	1	42355	4764	349	
703	−52	6	3	−27047	−2960	−370	
	−1	0	−1	4147	480	10	

```
703   74   4   1           33633            3996           1443
 37    d   o   1           -5585            -684           -235
703  -25  27  12         1807450         -159988        -243904
      -2   0  -1         -287076           25800          40932

707    2   6   1              13              15             84
101    d   o   1               5              -5             -4
  7   -1   3   1       -10258770        23171824       41875812
       1   1  -1         1035008        -2313644       -4156940

709 1418   6   4       -11241904        -1197501       -1152125
709    n   o   1          422200           44973          43269
709   53   3   4           -1418            2836          -2836
       2   2  -1           -1820             112            100
           c-3           12762           -1418              0
                          458             -50              6

711    6   5   1           -4962            3705          -1956
237    n   o   1             324            -239            128
  9   -3   3   1       -4167474591      3090729798    -1634904684
      -2  -1  -1         269777337      -200397378      107255292

711  474   5   1         -5785881          186993         724983
237    n   o   1           376593          -12055         -47027
711  -39  21   3         4696459071      597166056      439115022
       1   2  -1          310844697       38253360       28709226

711  474   3   1         15278442         -800823       -1914960
237    n   o   1           758400          -46469        -102388
711  -12  30  12             474             711            711
      -4  -2  -1            -474             -21              9

713   62   3   1         37320838        -8683720       13391132
713    n   o   1         -1397648          325192        -501528
 31   -4   6   1       1310333234      -733140452    -1208515656
       0   0  -1         49046536       -27456816      -45266984

721   14   5   1          3470012        -6287883      -11271484
721    n   o   1          -129230          234173         419772
  7   -1   3   1              735           -5047          -7931
       1   2  -1             -111             123            265

721  206   5   1        19180802861     -1802622982     4293573231
721    n   o   1         -714330427        67133188     -159901023
103  -13   9   1         -538531277       156883111      221855305
      -2  -1  -1          -20256471         5784087        8245203

721 1442   5   1         -2424205322     -280048657     -234184405
721    n   o   1            90282124       10429557        8721483
721   47  15   3            53896913       -1310057       -6991537
      -1   1  -1             2057715          -43451        -255821

721 1442   5   1      -1835163664880   -218703929360   -65299693830
721    n   o   1         68345066518      8144959976     2431887686
721  -34  24   3           130718742        10454500       69792800
      -1   1  -1           -24485560          1472360          54960
```

728	1	4	1	-93	-2	-20	
8	d	o	1	-36	8	-12	
91	-16	6	3	-93	-2	-20	
	0	0	0	-36	8	-12	
728	1	6	1	5	0	-1	
8	d	o	1	-4	0	1	
91	11	9	3	33	-12	4	
	1	2	0	34	-6	4	
728	1	5	1	-44	-41	-47	
56	d	o	1	-19	-8	-1	
13	5	3	1	-15539	-19432	-26124	
	-1	-2	0	-9372	-2998	1034	
728	7	3	1	77	0	14	
56	d	o	1	-10	2	-4	
91	-16	6	3	77	0	14	
	0	0	0	-10	2	-4	
728	7	5	1	-119	14	49	
56	d	o	1	-34	4	13	
91	11	9	3	903	-252	196	
	1	2	0	-334	78	-16	
728	1	4	1	5	4	12	
104	d	o	2	0	0	-2	
7	-1	3	1	-51	-96	-4	
	0	0	-2	-26	-10	-12	
728	13	4	1	1443	-494	-624	
104	d	o	2	-282	98	122	
91	-16	6	3	3341	3302	1950	
	0	0	-2	2046	168	-218	
728	13	6	1	-143	0	39	
104	d	o	2	-16	6	11	
91	11	9	3	-285831	44720	129324	
	1	2	-2	-61624	7106	24238	
728	7	3	1	217	392	84	
728	d	o	2	-36	-18	-20	
7	-1	3	1	-24381	11340	-22960	
	0	0	-1	-1996	1270	-930	
728	13	5	1	-1612	1261	-481	
728	d	o	2	119	-94	35	
13	5	3	1	-81887	-177268	1190280	
	-1	-2	-1	-92214	54484	62722	
728	91	3	1	-15379	-4732	-910	
728	d	o	2	1172	348	74	
91	-16	6	3	-201747	5278	-47684	
	0	0	-1	-11826	1346	-3336	

728	91	5	1	5005	−546	−1911	
728	d	o	2	−326	54	151	
91	11	9	3	3269175	1225952	697788	
	1	2	−1	311620	73378	59954	
731	2	6	1	3712	−850	−2272	
17	d	o	1	782	−138	−568	
43	8	6	1	−476276826	97357164	316702792	
	−1	0	0	−115454216	23637248	76828376	
732	1	5	4	17	−18	−24	
12	d	o	1	−32	2	10	
61	−1	9	1	17	−18	−24	
	0	0	0	−32	2	10	
			c−3	−15	−4	−1	
				−6	−3	−2	
732	61	5	4	−61	−366	0	
732	d	o	2	8	26	−2	
61	−1	9	1	−671	−1098	−1098	
	0	0	−1	242	24	−30	
			c2	671	−183	−366	
				47	−15	−27	
733	1466	6	1	−2226310114	232476081	−38386477	
733	n	o	3	82220864	−8585655	1417677	
733	50	12	1	2199	1466	733	
	0	1	−3	503	12	31	
737	134	5	1	6776782	−1725049	1199903	
737	n	o	1	−249626	63543	−44199	
67	5	9	1	16348	−4422	3685	
	−1	1	−1	−712	172	−97	
741	2	5	1	−76	60	−23	
57	d	o	1	10	−8	3	
13	5	3	1	1142	−969	684	
	−1	−2	−1	−202	149	−14	
741	38	5	1	2394	−399	−475	
57	d	o	1	−316	53	63	
247	−31	3	3	584630	−125115	−134406	
	−1	1	−1	−79294	16553	17512	
741	38	5	4	572014	−58140	67260	
57	d	o	1	−75856	7680	−8920	
247	−4	18	3	−27741862	2724600	−4292100	
	0	0	−1	4420360	−460280	383360	
			c2	−1387380	140752	−163134	
				183770	−18640	21610	
741	26	5	1	6916	−3003	−10816	
741	d	o	2	−262	107	394	
13	5	3	1	−91019200363	−54973914138	−39733999812	
	−1	−2	−1	−3332741953	−2024115822	−1476455172	
741	38	5	1	3876	−551	2185	
741	d	o	2	−148	17	−81	
19	−7	3	1	−75959131	6789042	−36870678	
	−2	−1	−1	2345503	−506754	1297374	

```
741   494   5   1         -39273              -741              3458
741   d     o   2           1449                27              -126
247  -31    3   3       -18786079         -12604410         -28930122
      -1    1  -1        -5404365            533322              -558

741   494   5   4             247              -741                 0
741   d     o   2               7                25                -4
247   -4   18   3            -988             -2223             -2223
       0    0  -1             490                21               -33
              c2            -2470              -247              -247
                              668               -49                77

744    1    5   4              41                24                12
 24   d     o   1             -20                -8                -2
 31   -4    6   1           -1595              -756              -312
       0    0  -1             638               310               116
              c4             -127               -62               -24
                               53                25                10

744   31    3   1            1643              -186              -744
744   d     o   2            -122                14                54
 31   -4    6   1           -2945              1302              1302
       0    0  -1              54               -56              -154

747    6    5   1            2793              2793              1941
249   n     o   1            -177              -177              -123
  9   -3    3   1           24657             38097             20169
      -2   -1  -1           -2241             -1911             -1545

749   14    5   1            1127             -2597             -4760
749   n     o   1             -41                95               174
  7   -1    3   1        -7743897          -6240668          -2808750
       1    2  -1         -283673           -226372            -99598

755    2    6   3             202               -46               -62
  5   d     r   1             -84                22                28
151  -19    9   1             -58               -20                 0
       1    1   0             -44                -8                -4

757 1514    6   1         3065850            177895            205147
757   n     o   1          -46898            -11825             -4721
757   29   27   1    -4383949447658     376429668588     -241013775064
      -1    0  -1     -182481935496      14705970204       -5728198428

760    1    6   1              -6                 1                 0
 40   d     o   2               0                 0                -1
 19   -7    3   1          -13899             14740             18800
      -1    1  -2            4310             -4632             -5998

760   19    5   1           -2964              3059              3990
760   d     o   2             216              -222              -289
 19   -7    3   1       -35606361          40506100          51123680
      -1    1  -1         2803078          -2811396          -3680690

763    2    6   1              18               -20               -32
109   d     o   1               0                -2                -4
  7   -1    3   1             874             -2180             -3924
       1    1   0             100              -204              -368
```

```
763  218   4   1        5886          -109         -436
109   d    o   1         526           -21          -36
763  -55   3  12       -12099          436         -436
      -2   0   0         453            36          124

763  218   6   1      -2770453      -294736      -263889
109   d    o   1        265269        28236        25281
763   53   9   3     -128990491   -14238234    -12490092
       1   1   0       12818013     1314990      1202076

765    2   4   3         -107           60          150
 85    d   o   2          -15            4           14
  9   -3   3   1         -107           60          150
       0   0   0          -15            4           14
              b2           14           20           15
                          -2           -2           -1

769 1538   6   1    -1376850667    21422802   -141868196
769    n   o   1       49650505     -772526      5115898
769  -49  15   1      -25481584     1787156     -3133675
       0   1  -1       -1623696      -14334      -126635

776    1   6   1          -33           -7            1
  8    d   o   1           19            7            2
 97  -19   3   1         -4059        -1912         -612
       0  -1   0          4516          758         -226

776   97   5   1        -105827        3007       -28033
776    d   o   2           7581        -221        2012
 97  -19   3   1     3079813341   -81524620    830809656
       0  -1  -1     -224214778     6970168    -58410206

777    2   5   1           38           27           16
 21    d   o   1           14            3            4
 37   11   3   1          653          378          252
      -2  -1   0          199           54           60

777   14   5   1        -31710       -6020        -1848
 21    d   o   1          6808        1332          430
259  -19  15   3      -1526938      173292       300300
      -1  -2   0       -239604       55856        71212

777   14   3   1           77           -7            0
 21    d   o   1           -5            1           -2
259    8  18   3           77           -7            0
       0   0   0           -5            1           -2

777   14   5   1         2359         1288          -35
777    d   o   4          -85          -46            1
  7   -1   3   1      -5056702      2707845    -3774666
       1   2  -2       -185568        106513     -118540

777   74   5   1         -4810          222         2923
777    d   o   4           172           -8         -105
 37   11   3   1       -307618      -693084    -1236207
      -2  -1  -2        -92118       -16358         9623
```

777	518	5	1	−2662779	−513338	−161616
777	d	o	4	95527	18416	5798
259	−19	15	3	808598	162393	48174
	−1	−2	−2	−30762	−5693	−1900
777	518	3	1	13632206	−1685572	1258740
777	d	o	4	−488136	60376	−45376
259	8	18	3	2036910162	−206957576	−485400188
	0	0	−2	72835152	−7469064	−17439896
779	2	6	1	−4	5	11
41	d	o	1	2	−1	−1
19	−7	3	1	−24352	26199	33948
	−1	0	−1	3888	−4119	−5250
780	1	3	1	−19	18	−6
60	d	o	2	6	−4	2
13	5	3	1	−173	144	−42
	0	0	−2	46	−34	16
780	13	3	1	1417	−624	−2262
780	d	o	4	−106	42	160
13	5	3	1	−35009	−21138	−14976
	0	0	−2	−2492	−1514	−1126
785	2	6	1	−395	75	−36
5	d	o	1	−175	33	−16
157	14	12	1	−23998	2335	7305
	−1	−1	−1	10572	−1099	−3295
785	314	6	1	−604450	75360	161082
785	d	o	6	23024	−2340	−5518
157	14	12	1	47790458054	−7273345280	−18142759860
	−1	−1	−3	−2229391056	136281896	564505016
791	2	4	1	63	57	17
113	d	o	1	−7	−5	−3
7	−1	3	1	63	57	17
	0	0	0	−7	−5	−3
792	1	5	1	−16	9	21
88	d	o	1	4	−1	−4
9	−3	3	1	−263	220	440
	−1	−2	0	88	−10	−70
792	3	5	1	−114	93	−69
264	d	o	2	18	−13	4
9	−3	3	1	8099787	−3204036	−9219276
	−1	−2	−1	998184	−393576	−1134042
793	2	6	1	10142	−1993	2304
13	d	o	1	−2658	609	−612
61	−1	9	1	7060133	−1606878	1624428
	−1	−1	0	−2061771	407970	−468684

793	26	6	1	3003	403	130	
13	d	o	1	-1007	-95	-14	
793	-43	21	3	-273	5018	3718	
	1	0	0	-13361	-102	670	
793	26	6	1	6695	754	546	
13	d	o	1	1503	166	118	
793	38	24	3	-3029	130	338	
	1	1	0	685	-18	-98	
793	2	6	3	35	72	113	
61	d	o	1	17	4	-5	
13	5	3	1	20315	29402	41846	
	0	-1	0	6867	1970	-1194	
			b2	-266	-183	-61	
				-36	-19	-23	
793	122	6	3	4392	488	122	
61	d	r	1	-554	-62	-14	
793	-43	21	3	-1159	0	-122	
	1	0	0	-143	8	-10	
793	122	6	3	-98881	-11041	-7930	
61	d	o	1	12425	1387	996	
793	38	24	3	305	427	122	
	1	1	0	-543	-11	-32	
			b2	-61	61	61	
				-25	-5	-9	
793	26	5	1	338	-9659	-676	
793	d	o	4	-12	343	24	
13	5	3	1	-7111	-5551	-5551	
	0	-1	-2	339	161	63	
793	122	5	1	-92659	43371	70760	
793	d	o	4	3285	-1539	-2514	
61	-1	9	1	-12275525686	3638656710	7013494215	
	-1	-1	-2	435454872	-129111960	-249162315	
793	1586	5	1	4949906	287066	-64233	
793	d	o	4	-175776	-10194	2281	
793	-43	21	3	49438792	-4996693	-7048184	
	1	0	-2	-2016674	184693	227442	
793	1586	5	1	14274	166530	39650	
793	d	o	4	816	-5766	-1302	
793	38	24	3	-1773105515818	165724337376	-95025186828	
	1	1	-2	78235015704	-6425839344	1455124728	
796	199	5	1	-87211750	13220565	-7429665	
796	n	o	1	6182277	-937181	526675	
199	11	15	1	5066540199	-774716950	482425750	
	2	1	-1	-359281210	54917570	-34181700	
801	2	4	1	-96	-112	-76	
89	d	o	1	10	12	8	
9	-3	3	1	238	-156	108	
	0	0	-1	24	-20	8	

804	1	3	1	−10		2	2
12	d	o	1	1		0	−2
67	5	9	1	147		−30	−68
	0	0	−1	−70		16	42
805	14	5	1	−3507		−2800	−1211
805	d	o	2	123		100	45
7	−1	3	1	−264779781		−212643970	−94420060
	−1	1	−1	9348263		7485902	3339132
812	7	3	1	329		378	196
812	d	o	2	−26		−20	−2
7	−1	3	1	−20657		−18494	−10178
	0	0	−1	1538		1098	352
813	542	5	4	−247423		−43902	−35772
813	n	o	1	8615		1542	1268
271	29	9	1	2637914		471540	390240
	0	0	−1	−94492		−16360	−13460
			c2	235228		37940	33062
				−7546		−1450	−1134
815	2	4	1	−71		−5	−10
5	d	o	1	9		−3	4
163	−25	3	4	3203		−40	690
	0	0	−1	−1447		32	−298
817	38	5	1	4023573		2646491	845177
817	n	o	5	−140767		−92589	−29569
19	−7	3	1	−204212		72713	−17974
	−1	1	−5	−3904		−917	−5076
817	86	5	1	38781184		−50897896	1660058
817	n	o	5	−1356782		1780692	−58078
43	8	6	1	−4021477047000094		−1606462649791196	−1112415479834344
	−2	−1	−5	140693356226584		56203078385152	38918702008696
817	1634	5	1	−47299132827127		−5004603447455	−506514161558
817	n	o	5	1654787189961		175088911375	17720687378
817	−55	9	3	−4879704070		50961192	−473230093
	2	1	−5	−172071534		1927686	−16395627
817	1634	5	1	−9458659002		617718994	1221849644
817	n	o	5	330916590		−21611252	−42747108
817	−1	33	3	−622356286		−70428668	−34474132
	−2	−1	−5	−21500620		−2481784	−1241812
819	2	6	1	19		11	1
13	d	o	1	7		3	1
63	15	3	3	−1909		182	−728
	−1	1	0	637		−6	208
819	2	6	1	275		116	88
13	d	o	1	77		32	24
63	−12	6	3	275		130	104
	−1	1	0	91		34	24

819	26	6	1	26		−39	−39
13	d	o	1	182		−1	3
819	−57	3	9	−223561		−38662	−51194
	−1	1	0	136591		10450	6246
819	26	6	1	28418		−546	2652
13	d	o	1	7826		−146	742
819	51	15	9	−227110		3952	−21268
	−2	−1	0	−61880		1268	−5848
819	26	6	1	92248		−4121	7007
13	d	o	1	26572		−1195	1967
819	24	30	9	26		−13	−65
	−2	−1	0	−182		11	5
819	26	6	1	28366		−1768	1651
13	d	o	1	−7826		488	−463
819	−3	33	9	−138385		8398	3224
	−2	−1	0	3367		−274	3344
819	6	3	1	282		−9	−75
21	d	o	1	−54		1	17
117	−21	3	3	4569		234	−702
	0	0	−1	−507		90	282
819	6	5	1	186		45	12
21	d	o	1	−24		−13	−8
117	6	12	3	6		567	−63
	1	2	−1	−546		−51	−87
819	42	5	1	16716		−1722	63
21	d	o	1	−3654		376	−13
819	−57	3	9	−5864817		9324	638694
	−1	1	−1	−1333059		7548	139194
819	42	5	1	−108444		2037	−10206
21	d	o	1	−23646		451	−2224
819	51	15	9	1699800061911		−32180435280	159907079178
	−2	−1	−1	370934274165		−7022985960	34893780630
819	42	5	1	483		−63	−231
21	d	o	1	−7539		329	−623
819	24	30	9	−11557686		−1391796	−516411
	−2	−1	−1	2541630		302862	114303
819	42	5	1	−483		21	21
21	d	o	1	−105		5	−17
819	−3	33	9	−1058443617		−128247966	−66141810
	−2	−1	−1	−231330099		−27964962	−14389206
819	6	5	1	−582		222	666
273	d	o	2	36		−14	−40
9	−3	3	1	−2555274		1015560	2912364
	−2	−1	−1	155064		−60852	−175932

```
819   42   5   1           -399                    42                   -21
273    d   o   2             21                    -4                     1
 63   15   3   3         -670719                 30303               -239967
      -1   1  -1           41223                 -2127                 14229

819   42   5   1          -22890                 -6846                 -9072
273    d   o   2            1932                   358                   320
 63  -12   6   3   2173694690244210     -223628043696876     -910300082770260
      -1   1  -1    131570260248336      -13529445727800      -55089990435504

819   78   3   1           -4485                  1209                  -117
273    d   o   2             273                   -73                     7
117  -21   3   3           -4485                   585                   702
       0   0  -1             -39                   -27                    48

819   78   5   1          200694                -37440                -60762
273    d   o   2           11388                 -2096                 -3826
117    6  12   3  -737438901326 94522    13669887390976908    235133948940 63984
       1   2  -1  -446318325243 7728       827339169423768    142309540 6193952

819  546   5   1         1267539               -130494                  4641
273    d   o   2          -76713                  7898                  -281
819  -57   3   9       -14532609               -244881               1880424
      -1   1  -1        -1242969                 22605                112482

819  546   5   1            -546                  1911                  5187
273    d   o   2               0                  -115                  -317
819   51  15   9         -670215                -73710                -10647
      -2  -1  -1          -39585                 -4596                  -873

819  546   5   1       -35177142               1575756              -2644278
273    d   o   2        -2133768                 95720               -159506
819   24  30   9     84501696275178      -3787910508564       6334839653688
      -2  -1  -1       5114572042944      -229276942248         383366455200

819  546   5   7            -546                     0                  2184
273    d  r1   2            1638                  -100                   -38
819   -3  33   9             546                  3276                  3276
      -2  -1  -1            2184                    72                   -60

824    1   6   3              48                    -5                    11
  8    d   r   1              36                    -3                     8
103  -13   9   1             -19                     0                    -4
      -1   0   0              -8                     2                    -2

824  103   5   1           84975                 -7931                 19158
824    n   o   1           -5926                   553                 -1336
103  -13   9   1         -419725               -121540                -34608
      -1   1  -1          -29258                 -8528                 -2614

828    1   5   1              37                   -15                   -44
 92    d   o   1              -8                     3                     9
  9   -3   3   1          256129                296838                196926
      -2  -1  -1           54924                 61294                 39344
```

829	1658	6	1	1067752	−63004		62175
829	n	o	1	−37296	2200		−2173
829	−7	33	1	−36739622	2085764		−2351044
	−1	0	−1	−1288540	70452		−82880
836	1	3	3	−63	50		68
44	d	o	1	12	−18		−22
19	−7	3	1	−63	50		68
	0	0	0	12	−18		−22
			b2	8	−4		−6
				−1	2		2
840	1	5	1	5	−22		7
120	d	o	2	6	0		3
7	−1	3	1	−7019	−7020		−2160
	0	3	0	1656	1074		654
840	7	5	1	35	−364		−581
840	d	o	4	−4	26		39
7	−1	3	1	−1693433	1565340		580860
	0	3	−2	−65834	−6632		−166510
844	211	5	1	102008583	−8822543		13842444
844	n	o	1	−7022561	607369		−952953
211	−13	15	1	−170671359	7350396		−58483714
	−1	1	−1	22806300	−2404202		1036962
849	566	5	1	−590781183094	103469067074		−13340036454
849	n	o	1	20275557720	−3551049190		457828866
283	32	6	1	−60515326522150	−10179938133720		−9015713164836
	−1	−2	−1	2076859396960	349378435128		309417779064
853	1706	4	1	−259725705	21027303		−9519480
853	n	o	1	10109439	−818455		370532
853	35	27	4	2370487	368496		199602
	−2	0	−1	−121053	−9384		−8310
855	2	6	1	58	6		−3
5	d	o	1	−30	−4		1
171	24	6	3	−58	0		−15
	−1	1	0	−30	2		−5
855	2	4	1	229	−24		30
5	d	o	1	−87	16		−10
171	−3	15	3	229	−24		30
	0	0	0	−87	16		−10
855	6	3	1	−1404	1065		−540
285	d	o	2	84	−61		34
9	−3	3	1	−9939	10440		−17460
	0	0	−1	1635	−1032		−156
855	114	5	1	11799	4788		1596
285	d	o	2	−1197	−182		26
171	24	6	3	−5003346	−61560		541215
	−1	1	−1	−7410	67230		42453

855	114	3	1	−2052	−1653	−1140	
285	d	o	2	−456	−55	−14	
171	−3	15	3	−724413	−112518	−98838	
	0	0	−1	−19779	−9930	−2994	
860	43	3	1	5418	1935	1505	
860	d	o	2	−325	−149	−95	
43	8	6	1	178708	−69230	32035	
	0	0	−1	12565	−4744	2019	
861	14	3	1	5894	4725	2037	
861	d	o	2	−200	−163	−73	
7	−1	3	1	101003	81900	36582	
	0	0	−1	−3475	−2756	−1222	
868	1	3	1	8	−7	−14	
28	d	o	1	−7	3	4	
31	−4	6	1	8	−7	−14	
	0	0	0	−7	3	4	
868	7	5	1	1029	−21	−245	
28	d	o	1	410	−4	−89	
217	29	3	3	4669	1834	2744	
	−1	−2	0	−5424	−638	−206	
868	7	5	1	−2975	623	770	
28	d	o	1	−1119	237	291	
217	−25	9	3	−145397	−1134	−43470	
	−2	−1	0	87978	−6372	7974	
868	1	5	1	−61	−45	−23	
124	d	o	1	11	8	4	
7	−1	3	1	−108313	−86490	−38812	
	1	2	−1	19350	15584	6878	
868	31	5	1	−33170	496	7533	
124	d	o	1	5957	−89	−1353	
217	29	3	3	1039771	−22010	−249178	
	−1	−2	−1	−198378	1828	42754	
868	31	5	1	−9517	−1581	31	
124	d	o	1	−1467	−363	−132	
217	−25	9	3	22613413786753	−940318730928	3860985569166	
	−2	−1	−1	−4061498931282	168884881770	−693453388476	
869	158	5	1	124583	−5609	−50797	
869	n	o	1	−4233	193	1723	
79	17	3	1	−6444937473	−1235471204	−401045238	
	−1	1	−1	−89909317	−47610812	−66217670	
871	2	6	1	−239	−25	35	
13	d	o	1	9	19	25	
67	5	9	1	−49333778271	−17736645576	−10049057590	
	−1	−1	−1	14384483823	4740486432	2911380438	

871	26	6	1	585	−26	−91
13	d	o	1	209	−2	−21
871	53	15	3	−10303787	192634	1177800
	−1	−1	−1	−2859771	52634	326288
871	26	6	1	114517	12584	4472
13	d	o	1	28189	3106	1108
871	−28	30	3	8008	949	351
	−1	−1	−1	2434	249	85
872	1	4	1	−115	−26	−16
8	d	o	1	−61	−22	−10
109	2	12	1	7915	−594	1234
	0	0	−1	−3138	1118	−504
872	109	4	1	11445	−1962	1744
872	d	o	2	−761	130	−124
109	2	12	1	66163	−11990	−26814
	0	0	−1	4628	−892	−1792
873	2	6	1	28	−9	−25
97	d	o	1	−2	1	3
9	−3	3	1	875	−388	−1067
	−1	−1	0	−97	34	103
873	194	6	1	−76558414	−8642894	−2291334
97	d	o	1	7749524	879554	235362
873	42	24	3	1627456106	−135952484	−184806340
	0	−1	0	166073312	−13710288	−18739072
873	194	6	1	−21437	−2522	−1067
97	d	o	1	2425	282	121
873	15	33	3	−28033	1261	−2134
	−1	0	0	−3007	163	−176
876	1	3	1	11	−2	0
12	d	o	1	−2	0	−2
73	−7	9	1	11	−2	0
	0	0	0	−2	0	−2
876	73	3	1	54677	18250	7008
876	d	o	4	−3686	−1236	−478
73	−7	9	1	368869	122786	45698
	0	0	−2	−24422	−8430	−3224
877	1754	6	7	1927646	−149090	28941
877	n	r1	1	−65010	5026	−977
877	59	3	7	5262	7016	3508
	−1	2	−1	−2384	−12	−124
888	1	5	1	25	−6	−11
24	d	o	1	−4	−1	5
37	11	3	1	−1961843	−14568	868068
	−1	−2	−1	444266	−136582	−474452

888	37	5	1	28453	-14430	2701
888	d	o	2	-1908	969	-181
37	11	3	1	25796881	-15173256	6382500
	-1	-2	-1	-2425506	1091182	33668
889	14	3	1	-175290122	-135938054	-61410349
889	n	o	1	5879042	4559216	2059637
7	-1	3	1	406	168	175
	0	0	-1	-6	-10	-1
889	254	5	7	-17082533779492	4346522196194	-891527068352
889	n	r1	1	572929794390	-145777675626	29900858184
127	20	6	1	22307042	5472684	4544568
	1	2	-1	-751704	-183072	-151800
889	1778	5	1	340554460746206	36775205692393	11161505412022
889	n	o	1	-11421830021970	-1233400812079	-374344876664
889	-37	27	3	-10136518462	-700095501	-457314046
	-1	-2	-1	153440904	29800929	833412
889	1778	5	1	1106379633947	120594359522	70389449137
889	n	o	1	-37106781955	-4044605004	-2360786353
889	17	33	3	-11939270	-1199261	-640080
	2	1	-1	357612	42397	26758
892	223	3	1	471645	-6913	79834
892	n	o	3	-31584	463	-5346
223	-28	6	1	0	223	446
	0	0	-3	-141	17	6
893	38	5	1	319770	-47196	165129
893	n	o	1	-10710	1574	-5527
19	-7	3	1	-1456742103019	214467586110	-752175837810
	-2	-1	-1	48748371987	-7177367190	25170022290
897	2	5	1	-708	-348	-154
69	d	o	1	-66	-50	-48
13	5	3	1	-150970	221352	535716
	-2	-1	0	55204	-4220	-48208
897	26	5	1	-3354	5421	-689
897	d	o	4	112	-181	23
13	5	3	1	25142	-11661	-41262
	-2	-1	-2	930	-355	-1340
899	2	4	1	-19	3	-7
29	d	o	1	3	-1	1
31	-4	6	1	55	-4	51
	0	0	-1	-19	6	-1
903	2	5	1	215	-82	36
21	d	o	1	47	-18	8
43	8	6	1	-187	0	-42
	-2	-1	0	-1	16	2

903	14	3	1	−546	0	−112	
21	d	o	1	152	−8	16	
301	−31	9	3	−546	0	−112	
	0	0	0	152	−8	16	
903	14	5	1	−12600	−1204	−1358	
21	d	o	1	1378	458	218	
301	23	15	3	15197714	−2166780	868056	
	1	2	0	3324564	−471640	190108	
903	2	3	1	−206	−90	33	
129	d	o	1	18	8	−3	
7	−1	3	1	314	−264	−39	
	0	0	−1	18	−2	35	
903	86	3	1	−22575	645	−3397	
129	d	o	1	1987	−57	299	
301	−31	9	3	5031	215	1677	
	0	0	−1	−901	59	−53	
903	86	5	1	−1290	−3311	−817	
129	d	o	1	122	293	73	
301	23	15	3	−7849564	484524	1632495	
	1	2	−1	−673148	40034	144745	
905	2	4	1	275	74	24	
5	d	o	1	−153	−30	−16	
181	−7	15	1	275	74	24	
	0	0	0	−153	−30	−16	
905	362	3	1	−520375	55929	−76201	
905	d	o	4	17299	−1859	2533	
181	−7	15	1	−136836	17195	−2896	
	0	0	−2	1992	−131	858	
909	2	6	1	318	−259	122	
101	d	o	1	−34	23	−14	
9	−3	3	1	817586114	−606871428	323025876	
	−1	−1	−1	−81371256	60392300	−32122496	
917	14	5	1	−1071	2359	3976	
917	n	o	1	39	−75	−130	
7	−1	3	1	−3905652457	−3129390880	−1394582770	
	1	2	−1	−128844547	−103414440	−45961910	
921	614	5	4	−67381965610	4675854372	−8245138296	
921	n	o	1	2220311256	−154074640	271686544	
307	−16	18	1	−587973154	82016892	128766852	
	0	0	−1	−19425872	2707536	4236384	
			c3	32541386	−2273642	3985474	
				−1072012	74902	−131294	
924	7	5	1	−539	−273	98	
924	d	o	4	39	16	−4	
7	−1	3	1	20294743	−9746814	18291966	
	3	3	−2	1453194	−906202	726172	

927	6	5	1	1005	1194	753	
309	n	o	1	-57	-68	-43	
9	-3	3	1	-10147863	-11554128	-7532802	
	-1	1	-1	578139	656616	429066	
927	618	5	1	-3648423873	-370761375	-23717604	
309	n	o	1	-402888105	-40942441	-2619092	
927	60	6	3	-2290926	225261	-390267	
	-1	1	-1	351642	9681	23643	
927	618	5	1	7924305	891156	534261	
309	n	o	1	-447741	-50834	-30739	
927	-21	33	3	27979466415	7156541970	6482262564	
	-1	1	-1	-4469407827	-277742802	-43600860	
936	1	6	1	22	-1	8	
8	d	o	1	14	-7	-5	
117	-21	3	3	-2118712439	558610104	-55208868	
	-1	-2	-2	-1499977752	395044238	-38511158	
936	1	4	1	-17	-6	-2	
8	d	o	1	14	4	2	
117	6	12	3	-155	36	-30	
	0	0	-2	-156	10	-28	
936	3	5	1	-108	9	42	
24	d	o	1	-60	-1	13	
117	-21	3	3	-5364213	-1550808	-1413252	
	-1	-2	-1	2188056	633774	576690	
936	3	5	4	-9	0	12	
24	d	o	1	-18	4	2	
117	6	12	3	-933	324	432	
	0	0	-1	-624	54	144	
			c4	363	-72	-120	
				156	-27	-48	
936	1	6	1	19	-24	19	
104	d	o	2	-7	6	0	
9	-3	3	1	-1764983	2110212	3740568	
	-2	-1	-2	-707928	2438	465058	
936	13	6	1	2522	-65	-728	
104	d	o	2	-494	13	143	
117	-21	3	3	-263627	-77064	-70980	
	-1	-2	-2	-52728	-15106	-13598	
936	13	4	1	13	-78	-26	
104	d	o	2	26	10	-4	
117	6	12	3	-2015	-2340	-1794	
	0	0	-2	1716	214	-70	
936	3	5	1	-21	6	57	
312	d	o	2	3	0	-6	
9	-3	3	1	424011	526500	322920	
	-2	-1	-1	53352	55650	38670	

936	39	5	1	2496	897	858	
312	d	o	2	-312	-93	-99	
117	-21	3	3	-75503449905	19895699304	-1953355716	
	-1	-2	-1	-8549043048	2252799894	-221086110	
936	39	5	4	10101	-1404	1872	
312	d	o	2	-1170	150	-216	
117	6	12	3	-182481	23868	-37908	
	0	0	-1	22464	-3054	3702	
			c3	-117	-156	-156	
				0	-21	-15	
937	1874	6	4	109703960	-16202604	-20036808	
937	n	o	1	-3583872	529316	654574	
937	-61	3	4	1874	3748	7496	
	2	0	-1	2452	-128	-12	
			c-3	18740	-1874	-1874	
				-584	58	64	
948	1	5	1	109	-39	4	
12	d	o	1	-64	22	-3	
79	17	3	1	10929943	-467490	-4492044	
	1	2	-1	6373180	-291782	-2590810	
949	2	6	1	1322	-685	-935	
13	d	o	1	588	-115	-231	
73	-7	9	1	-45176687587003	-15313004088434	-5778516818360	
	-1	-1	-1	12529481591379	4247103832410	1602605126304	
949	26	4	1	-8697	-858	-104	
13	d	o	1	-2661	-266	-34	
949	-58	12	12	-143	-221	-130	
	-2	0	-1	-625	-5	28	
949	26	6	1	169	26	26	
13	d	o	1	35	8	6	
949	23	33	3	-16147729	1089946	-567658	
	-1	-1	-1	4001759	-280478	213526	
949	2	4	1	-34	34	-9	
73	d	o	1	4	-4	1	
13	5	3	1	-11	7	31	
	0	0	-1	-3	1	3	
949	146	4	1	1287136	139576	23360	
73	d	o	1	-150554	-16340	-2724	
949	-58	12	12	567324318	-54490996	-61918308	
	-2	0	-1	-65629632	6367896	7314920	
949	146	6	1	-30003	1898	4161	
73	d	o	1	3511	-222	-487	
949	23	33	3	-24398498	1129018	2780351	
	-1	-1	-1	2726260	-123204	-331069	
949	26	4	1	-32773	13793	50414	
949	d	o	2	1065	-447	-1636	
13	5	3	1	-222209	-139412	-106834	
	0	0	-1	-7517	-4396	-3010	

949	146	6	1	-6707240	983821	-1622863	
949	d	o	2	217698	-31927	52695	
73	-7	9	1	4445427950681	-1692036569366	-3471964359968	
	-1	-1	-1	246873578181	-69969405222	-87881980872	
949	1898	4	1	-47490807	-4717479	-588380	
949	d	o	2	1541649	153139	19100	
949	-58	12	12	-1898	949	-949	
	-2	0	-1	-652	-23	-35	
949	1898	6	1	4927208	-224913	-578890	
949	d	o	2	-159906	7305	18794	
949	23	33	3	497051087	63398894	45326138	
	-1	-1	-1	20904885	1839810	910382	
952	1	5	1	24	-47	-87	
136	d	o	2	-4	8	15	
7	-1	3	1	7549	-17408	-31348	
	1	2	-2	-1354	2966	5348	
952	7	5	1	2926	2233	1085	
952	d	o	2	-190	-144	-69	
7	-1	3	1	-541611357	-434399504	-193400228	
	1	2	-1	35109622	28151782	12523908	
959	2	6	1	-18	11	-17	
137	d	o	1	2	-1	1	
7	-1	3	1	-546	274	-411	
	1	1	0	46	-28	29	
963	6	3	1	34131	-25101	13491	
321	n	o	3	-1905	1401	-753	
9	-3	3	1	105	-63	9	
	0	0	-3	-3	3	-3	
965	2	6	1	352	-69	18	
5	d	o	1	156	-31	8	
193	23	9	1	6043717	-329190	-1579820	
	0	1	-1	-2706257	146798	706036	
965	386	6	1	-34354	-5597	-5211	
965	d	o	2	898	221	157	
193	23	9	1	-15374959	306870	-1547860	
	0	1	-1	-62435	99438	21092	
969	38	5	1	148732	86507	19019	
969	d	o	2	-4778	-2779	-611	
19	-7	3	1	-999001	235467	-562989	
	-1	1	-1	-39913	3037	-19093	
973	14	3	1	-721	-5488	-7364	
973	n	o	1	23	176	236	
7	-1	3	1	-98	2016	5488	
	0	0	-1	72	-104	-128	

973	278	5	1	−1539286	403934	−36140
973	n	o	1	49354	−12948	1160
139	23	3	1	−1538110338	403433044	−36347388
	1	−1	−1	49347684	−12936228	1150408
973	1946	5	1	25672605	−1475068	−2661155
973	n	o	1	−823069	47284	85311
973	−25	33	3	−5089850570	371351288	597386972
	−1	1	−1	164038556	−11813076	−19117136
973	1946	5	1	−14337675555	826742532	1684906153
973	n	o	1	458524169	−26431014	−53874973
973	2	36	3	174228356407	−9859048990	9602254830
	−2	−1	−1	−5623149711	318236910	−303410670
981	2	4	3	37	−30	6
109	d	o	1	3	−2	2
9	−3	3	1	37	−30	6
	0	0	0	3	−2	2
		b1		−22	11	−9
				−2	1	−1
981	218	6	3	69433	−1199	−7303
109	d	o	1	−6867	93	681
981	−57	15	3	−320569	0	41202
	0	1	0	44145	−1176	−3738
		b2		64092	−981	−6540
				−6104	99	630
981	218	6	3	−37496	−4142	−1090
109	d	r	1	−3924	−376	−74
981	51	21	3	−35425	6758	6322
	1	1	0	7303	−234	−518
987	2	5	1	68	−55	53
141	d	o	1	8	−3	5
7	−1	3	1	−5497	4794	−4230
	1	2	0	−679	230	−434
988	1	5	1	152	−65	−230
76	d	o	1	−34	14	53
13	5	3	1	−39464253	5610472	39455438
	−1	−2	−1	4140194	−4263054	−11212544
988	19	5	1	−133	−57	−38
76	d	o	1	82	2	−3
247	−31	3	3	26129541	−5549862	−5904364
	−1	1	−1	6026680	−1267454	−1354070
988	19	3	1	65949	−6707	7752
76	d	o	1	−15150	1533	−1782
247	−4	18	3	−810217	74993	−177973
	0	0	−1	289602	−31029	15081
988	13	5	1	1482	845	520
988	d	o	2	−94	−54	−33
13	5	3	1	104247	−82992	36062
	−1	−2	−1	7006	−5426	1744

988	19	5	1	−20710	22135	28424	
988	d	o	2	1315	−1408	−1810	
19	−7	3	1	1524598133	−1642690790	−2105442820	
	−2	−1	−1	−98177132	103845730	133815990	
988	247	5	7	304057	57551	4446	
988	d	r2	2	−19346	−3662	−283	
247	−31	3	3	−247	−494	−988	
	−1	1	−1	−316	34	6	
988	247	3	1	332709	−20501	38532	
988	d	o	2	−21354	1329	−2406	
247	−4	18	3	−11893297	1006031	2359097	
	0	0	−1	−534990	108123	170529	
989	86	5	1	−12255	4386	−2064	
989	n	o	1	391	−140	66	
43	8	6	1	−667489	−284832	−186921	
	−2	−1	−1	22701	8490	6207	
993	662	5	3	122785112	21276018	10509912	
993	n	o	3	−3896468	−675174	−333522	
331	−1	21	1	4634	11916	0	
	1	−1	−3	−2776	−132	−252	
			b2	−3310	−3972	−3972	
				84	128	124	
995	2	6	12	277	−20	−150	
5	d	o	1	−303	36	50	
199	11	15	1	277	−20	−150	
	0	0	0	−303	36	50	
			b2	31	−5	−10	
				−17	1	4	
			c3	131	−14	−36	
				−59	6	16	
997							
997	n		1				
997	−10	36	1				
1001	2	5	1	46	33	17	
77	d	o	1	−6	−3	−3	
13	5	3	1	−9007	−5544	−4158	
	−1	−2	0	1047	624	438	
1001	14	5	1	−4494	−1253	−329	
77	d	o	1	448	147	21	
91	−16	6	3	−11844	−5929	539	
	−2	−1	0	2814	581	315	
1001	14	3	1	483	−112	84	
77	d	o	1	−59	16	−4	
91	11	9	3	483	−112	84	
	0	0	0	−59	16	−4	
1001	14	3	1	−6454	4081	−4620	
1001	d	o	2	204	−129	146	
7	−1	3	1	−294	693	1078	
	0	0	−1	−8	17	36	

```
1001   26   5   1              28431           -12441            -41262
1001    d   o   2               -899              393              1304
  13    5   3   1         -5491949437      -3326239917       -2415015603
       -1  -2  -1          -173581647       -105131649          -76343361

1001  182   5   1            -6002360          2072798           2595320
1001    d   o   2             189594           -65510            -82060
  91  -16   6   3 -1698730944981718466  586288895989568772  734490760572476908
       -2  -1  -1    53701626787038872  -18527838508812088 -23214430933881808

1001  182   3   1              26299            -4459             -5915
1001    d   o   2               -831              141               187
  91   11   9   3               3276              455               546
        0   0  -1                 44               29                12

1005  134   3   4               7504            -1005             -3015
1005    d   r   2               -226               29                97
  67    5   9   1               1407             -268              -402
        0   0  -1                -15                4                18

1007    2   6   1              10251            -1462              5393
  53    d   o   1              -1423              216              -721
  19   -7   3   1        -2464295155263      2626008417602      3371173800944
       -1  -1  -1         -337086975963       360502405386        463794362488

1009 2018   4   1      -78168083122617      2285868369522     -5852618696658
1009    n   o   7         246084284719       -71962399352       184248791190
1009  -43  27   4             -358195           -41369             -9081
       -2   0  -7              -13665            -1221              -423

1015    2   4   1                602              530               205
 145    d   o   4                -50              -44               -17
   7   -1   3   1               -218             -180               -95
        0   0  -4                 18               14                 5

1016    1   4   1                -21                4                -2
   8    d   o   1                -12                4                 0
 127   20   6   1                -21                4                -2
        0   0   0                -12                4                 0

1016  127   3   1            -8391271          2134616           -437134
1016    n   o   3             526514          -133938             27428
 127   20   6   1             -21209             3048             -1778
        0   0  -3                734             -334                -4

1017    2   6   1               -159              117               -64
 113    d   o   1                 15              -11                 6
   9   -3   3   1               5087            -1017            -10170
       -1   0  -1               1017             -495              -744

1021
1021        n       1
1021   14  36   1
```

1023	2	5	1	30558	-5906		10690
33	d	o	1	4732	-1310		1750
31	-4	6	1	-5722514950	-2758892796		-1077263220
	-2	-1	0	1002413872	478806680		189770872

1027	2	6	3	66	8	-27
13	d	o	1	22	-4	-9
79	17	3	1	-168751	7280	68770
	0	1	0	-46663	2120	19130
		b2		-647	-143	-78
				105	43	52

1027	26	6	3	-895050	-103129	-98475
13	d	o	1	333440	26951	18259
1027	56	18	3	-33332	1625	5109
	-1	-1	0	-14034	-9	1041
		b1		1014	78	39
				-176	-22	-25

1027	26	6	3	32864	3302	2093
13	d	o	1	-9060	-918	-587
1027	29	33	3	-817427	-73996	-41938
	0	-1	0	193507	21876	15362
		b2		-9529	-897	-598
				2429	263	160

1032	1	3	1	19	0	-6
24	d	o	1	-2	2	4
43	8	6	1	19	0	-6
	0	0	0	-2	2	4

1032	43	3	1	33583	13674	9288
1032	d	o	2	-2136	-834	-586
43	8	6	1	-1331237	512130	-223686
	0	0	-1	-83146	31604	-14270

1033	2066	6	1	-13845478742	1615638858	-158972502
1033	n	o	1	430782266	-50268292	4946202
1033	53	21	1	2373716238	230177192	181109692
	-1	0	-1	-74385768	-7118220	-5645908

1035	6	5	1	-1002	744	-408
345	d	o	2	54	-40	22
9	-3	3	1	49686	-37260	20700
	-1	1	-1	-2760	2028	-1032

1036	1	5	1	9	7	3
28	d	o	1	6	1	2
37	11	3	1	-3009	-1232	-1078
	-1	-2	0	-1184	-462	-374

1036	7	5	1	567	35	-28
28	d	o	1	-57	-39	-27
259	-19	15	3	-1505	-630	-378
	-2	-1	0	1290	120	-30

1036	7	3	1	10773	-1337	1141
28	d	o	1	-4374	543	-351
259	8	18	3	10773	-1337	1141
	0	0	0	-4374	543	-351

1036	7	5	1	-1946	1673	3976	
1036	d	o	2	121	-104	-247	
7	-1	3	1	2079	515410	1448846	
	-1	1	-1	38070	-53226	-63592	
1036	37	5	1	9139	-2849	-2479	
1036	d	o	2	-568	177	154	
37	11	3	1	-2338733	-939134	-787360	
	-1	-2	-1	-145866	-58012	-49102	
1036	259	5	1	-889147	-170681	-53872	
1036	d	o	2	55167	10619	3367	
259	-19	15	3	-3351500663	-436563148	-27503210	
	-2	-1	-1	135229598	39068078	19141136	
1036	259	3	1	920227	-103341	85729	
1036	d	o	2	-57138	6417	-5337	
259	8	18	3	7326592	-659414	-1644909	
	0	0	-1	417813	-48144	-106341	
1037	2	6	1	-5	0	-2	
17	d	o	1	1	0	0	
61	-1	9	1	-5455	-1921	-969	
	0	-1	-1	1269	477	219	
1037	122	6	1	-63562	13481	-14640	
1037	d	o	2	1982	-421	450	
61	-1	9	1	261090797	-77463900	-149794650	
	0	-1	-1	8147595	-2413500	-4642590	
1043	2	6	1	-8	-68	-94	
149	d	o	1	-4	2	6	
7	-1	3	1	-5362	2384	7748	
	0	1	0	-80	-612	-820	
1044	3	5	1	-57	228	303	
348	d	o	2	-33	-9	12	
9	-3	3	1	-3808355397	-4335389568	-2832416370	
	-1	-2	-1	408954636	464543490	302920638	
1045	38	3	1	15143	-16530	-21185	
1045	d	o	4	-473	512	653	
19	-7	3	1	-156427	165680	215080	
	0	0	-2	4833	-5200	-6616	
1055	2	4	1	-307	16	-90	
5	d	o	1	-233	24	-14	
211	-13	15	1	-307	16	-90	
	0	0	0	-233	24	-14	
1057	14	5	1	278300995	-155607886	192803457	
1057	n	o	1	-8560069	4786236	-5930309	
7	-1	3	1	-2500848	5430866	9596503	
	2	1	-1	-70056	163212	299929	

1057	302	5	1	927468428020	-226794966571	-297355371672
1057	n	o	1	-28527363832	6975830477	9146149474
151	-19	9	1	263936179116	64074222751	15201581626
	2	1	-1	8118634194	1970758185	467563404
1057	2114	5	1	-442377477237234	11275904383366	47120593319702
1057	n	o	1	13606784730320	-346827791826	-1449349939038
1057	50	24	3	-85724043136242	6763320369120	-2133503717492
	-2	-1	-1	2633208055200	-208367062528	65365291104
1057	2114	5	1	7067071982257	709027672500	251856716223
1057	n	o	1	-217371209169	-21808494790	-7746687607
1057	-31	33	3	229986288	26779095	7348264
	2	1	-1	-8734122	-762323	-337350
1064	1	6	1	69	9	11
8	d	o	1	-25	-12	-6
133	17	9	3	7289	-1668	580
	1	2	0	5262	-1176	394
1064	1	4	1	-31	-10	-4
8	d	o	1	28	6	2
133	-10	12	3	-31	-10	-4
	0	0	0	28	6	2
1064	1	3	1	63	12	-4
56	d	o	1	6	10	4
19	-7	3	1	6813	2560	1612
	0	0	-1	804	834	-94
1064	7	5	1	1785	441	329
56	d	o	1	-477	-118	-88
133	17	9	3	20867	6328	4116
	1	2	-1	-6894	-1394	-1200
1064	7	5	4	483	336	252
56	d	o	1	-370	-36	18
133	-10	12	3	-428141	-107604	-37296
	0	0	-1	109602	29838	11688
		c4		119	14	56
				3	-3	12
1064	1	5	1	-313	-205	-47
152	d	o	1	46	44	27
7	-1	3	1	-16947138843	-13590484540	-6048224400
	-1	1	-1	2749185464	2204686210	981195550
1064	19	5	1	-247	57	-19
152	d	o	1	13	-16	-2
133	17	9	3	-462289	50008	119700
	1	2	-1	-49206	2278	21408
1064	19	5	4	209	-76	-76
152	d	o	1	-58	6	10
133	-10	12	3	-7505	-1520	-836
	0	0	-1	-826	-288	-62
		c2		-741	152	-152
				185	-8	31

1064	7	5	1	1001	−2233	−4053
1064	d	o	2	−60	138	249
7	−1	3	1	−317343845	−254486988	−113226624
	−1	1	−1	−19458300	−15604530	−6946554
1064	19	3	1	−2793	304	−1520
1064	d	o	2	162	−24	92
19	−7	3	1	48051	−8816	25840
	0	0	−1	−3252	372	−1616
1064	133	5	1	147763	36575	27265
1064	d	o	2	−9063	−2242	−1672
133	17	9	3	−5973695	1354472	−454860
	1	2	−1	−366130	82574	−28652
1064	133	3	1	29925	1330	7980
1064	d	o	2	−2612	92	−214
133	−10	12	3	−10747863	697718	2224026
	0	0	−1	−228470	155390	177980
1069	2138	6	7	−69621830931	6105031206	−813902392
1069	n	r1	1	2129396819	−186723530	24893358
1069	62	12	1	2138	−1069	1069
	1	1	−1	−692	37	25
1071	2	6	1	−4	−2	−2
17	d	o	1	2	0	0
63	15	3	3	11426	−4080	−4692
	−1	1	−2	2856	−988	−1112
1071	2	6	1	−57418	5728	24466
17	d	o	1	−14320	1516	5894
63	−12	6	3	−18952377954714 2038	1949345268886 8228	7936229686980 6216
	1	2	−2	−45966270691736976	472785573914 6336	1924818352878 9448
1071	6	3	1	−342	189	231
357	d	o	2	6	−1	−17
9	−3	3	1	26025	−9954	−31248
	0	0	−1	−1491	606	1608
1071	42	5	1	20979	7812	672
357	d	o	2	−1029	−442	−68
63	15	3	3	−11703319257	−4675791078	−569071566
	−1	1	−1	618543555	247510506	29814810
1071	42	5	1	−189	−21	63
357	d	o	2	−21	1	5
63	−12	6	3	−7526946	2120580	−144585
	1	2	−1	270606	−99090	61155
1073	2	6	4	63	−29	0
29	d	o	1	−9	5	−2
37	11	3	1	1419	−116	−986
	0	0	−1	285	−36	−182
			c−4	46	−5	−34
				10	−1	−6

1073	74	4	4	-22718	-8584	-7511	
1073	d	r	2	694	262	229	
37	11	3	1	-518	-185	-222	
	0	0	-1	16	7	4	

1084	271	5	1	-836765477248	142092382314	-30104173481
1084	n	o	1	50829882831	-8631497523	1828698306
271	29	9	1	-13952472605315	2369623137678	-502593227676
	1	2	-1	847857806850	-143955760896	30465147474

1085	2	6	1	-7976	150	1872
5	d	o	1	3700	-42	-814
217	29	3	3	13199502	-198820	-3001240
	1	-1	0	-5908032	88380	1341484

1085	2	4	1	-43	-4	2
5	d	o	1	9	4	2
217	-25	9	3	-43	-4	2
	0	0	0	9	4	2

1085	14	5	1	1288	-238	1841
1085	d	o	2	46	-40	3
7	-1	3	1	3914728839	-9979925480	-19166813610
	1	2	-1	-161320081	326549920	552489622

1085	62	5	1	806	-403	-248
1085	d	o	2	4	-3	-16
31	-4	6	1	424107032	203605675	80115315
	-2	-1	-1	-12881338	-6178803	-2430241

1085	434	5	1	59892	9765	7161
1085	d	o	2	1366	293	333
217	29	3	3	71353080029	-15870917790	672886620
	1	-1	-1	-2313011541	454639998	-45814836

1085	434	3	1	9114	217	1519
1085	d	o	2	-152	19	-41
217	-25	9	3	180327	-11718	33418
	0	0	-1	-6593	146	-1046

1092	1	3	1	52	-27	-30
12	d	o	1	-47	11	16
91	-16	6	3	52	-27	-30
	0	0	0	-47	11	16

1092	1	3	1	155	42	28
12	d	o	1	80	26	18
91	11	9	3	155	42	28
	0	0	0	80	26	18

1092	1	3	1	-1	18	30
156	d	o	2	2	-2	-4
7	-1	3	1	-1	18	30
	0	0	0	2	-2	-4

1092	13	3	1	338	−39	78	
156	d	o	2	57	−1	16	
91	−16	6	3	338	−39	78	
	0	0	0	57	−1	16	
1092	13	3	1	455	−78	52	
156	d	o	2	−48	18	−6	
91	11	9	3	455	−78	52	
	0	0	0	−48	18	−6	
1093							
1093		n	5				
1093	−22	36	1				
1099	2	6	1	49	−136	−243	
157	d	o	1	−5	10	19	
7	−1	3	1	−56219971	−45085690	−20058320	
	1	1	−1	−4487171	−3598370	−1601960	
1099	314	6	1	25748	−785	2355	
157	d	o	1	−2138	55	−189	
1099	−61	15	3	−48778801	4336654	5132330	
	1	0	−1	−3994329	347566	401362	
1099	314	6	1	−53225983	−5077223	−3722470	
157	d	o	1	−4250553	−405147	−296762	
1099	47	27	3	655633932594995605	−49265746102051234	17955224565661404	
	0	1	−1	−5233470402770844 3	3930936377774358	−143364114984836 4	
1101	734	3	1	6953549	531416	−6606	
1101		n	o	3	−209451	−16032	202
367	35	9	1	692162	−98356	17616	
	0	0	−3	19712	−3052	532	
1105	2	4	1	53	34	17	
85	d	o	2	−5	−4	−3	
13	5	3	1	869	578	476	
	0	0	−2	−105	−58	−36	
1105	26	4	1	−194064	−104312	−84201	
1105	d	o	4	5838	3138	2533	
13	5	3	1	−4173	−2431	−1547	
	0	0	−2	119	75	61	
1112	1	6	1	−955	253	−21	
8	d	o	1	682	−177	17	
139	23	3	1	−4851638675	1278428016	−122157364	
	1	1	−1	3467684674	−904875854	75536700	
1112	139	5	1	3871567	−1014978	90767	
1112		n	o	1	−232146	60873	−5460
139	23	3	1	−32068595043401	770765064156	9381817814688	
	2	1	−1	−1923333545976	46230802674	562686904830	

```
1113   14  5  1         1470              35              3437
1113    d  o  2          -44              -1              -103
   7   -1  3  1       476378          439635            155820
        2  1 -1        16824           11765              6430

1115    2  6  1        -2744              72              -483
   5    d  o  1        -1238              32              -219
 223  -28  6  1       -10333            2195              2480
       -1  0 -1         4501            -973             -1134

1116    3  5  1         2760             513                30
  12    d  o  1        -1605            -295               -17
 279   33  3  3     35129271675     6491236284        378412902
        2  1 -1    -20286786756    -3747663438       -219326166

1116    3  5  1          528             -33              -108
  12    d  o  1         -303              19                62
 279  -21 15  3        -93741            5076             20934
       -2 -1 -1         62868           -4170            -11556

1116    1  5  1           -4              -5                -7
 124    d  o  1           -1              -1                 0
   9   -3  3  1         -743            -806              -496
       -2 -1  0         -124            -148              -102

1116   31  5  7        11501            2077               155
 124    d r2  1        -1984            -375               -16
 279   33  3  3           31             -62                62
        2  1  0          124              10                12

1116   31  5  1        57691           -3503            -11656
 124    d  o  1        10354            -629             -2094
 279  -21 15  3       -46097           22010            -53258
       -2 -1  0        77252           -8140            -4374

1117 2234  6  1    144645582134    -12683074796      1206151121
1117    n  o  1      -4327966044       379492524       -36089461
1117   65  9  1   44321735284273    3912899053340   3573193517130
        1  1 -1    -1326207964263   -117076511820   -106906599990

1121   38  5  1      -30282732       -17889849        -4236829
1121    n  o  1         904466          534323           126543
  19   -7  3  1      -134599553        20647699       -67794717
       -1  1 -1        -3966275          559135         -2098799

1129 2258  6  1    -33817923409558   87438807806   -2891344609084
1129    n  o  9     1006467985916   -2602299370      86050398484
1129  -67  3  7            2258           -4516            4516
       -3 -1 -9           -3100            -128            -140

1132  283  3  7        -3949831          101314          784193
1132    n r1  1          234796           -6022          -46615
 283   32  6  1             566             566             283
        0  0 -1             197               6              19
```

1133	206	5	1	-1445811	135651	-324347	
1133	n	o	1	43019	-4049	9609	
103	-13	9	1	-7182917283	2067940270	2929178890	
	-2	-1	-1	-212255971	61328470	87277690	
1137	758	5	1	-35416944358	4669574483	-1563926445	
1137	n	o	1	1050342302	-138483195	46380571	
379	29	15	1	-1093036	-156906	753831	
	-1	-2	-1	-175990	14280	16017	
1139	2	6	1	29	-6	-18	
17	d	o	1	-9	2	4	
67	5	9	1	138	-34	-85	
	-1	-1	0	-42	8	19	
1140	1	5	1	-81	8	-17	
60	d	o	2	-7	2	-10	
19	-7	3	1	3443499751	-3677053650	-4726288260	
	0	3	-2	-889658456	949491694	1220038358	
1141	14	5	1	53032	-82488	-111909	
1141	n	o	1	-1570	2442	3313	
7	-1	3	1	-95934125	-75000212	-34716066	
	1	2	-1	-2755729	-2267148	-969370	
1141	326	3	1	838280149	-14609690	176420768	
1141	n	o	1	-24816833	432512	-5222842	
163	-25	3	4	39192535	-654934	8315608	
	-2	2	-1	-1167899	20950	-244272	
1141	2282	5	1	-12614866885103	518473724874	1345660298276	
1141	n	o	1	373450845771	-15348909432	-39836962132	
1141	26	36	3	6537028610	-412582177	263711343	
	-2	-1	-1	-195816036	12307893	-7563309	
1141	2282	5	1	-446520081	-45514490	-23602726	
1141	n	o	1	13218987	1347432	698746	
1141	-1	39	3	96055549387	-4881551710	4979682274	
	1	2	-1	2848778151	-144790214	146872818	
1143	6	3	1	6729	-2664	-7656	
381	n	o	1	-345	136	392	
9	-3	3	1	-17274	-29376	-24768	
	0	0	-1	-1536	-1248	-528	
1143	762	5	1	2758821	-71247	-294132	
381	n	o	1	-141351	3649	15068	
1143	-57	21	3	10012625898	-191425068	-972450684	
	2	1	-1	-515883144	10032588	49763568	
1143	762	5	16	132387594	-6611874	-13567410	
381	n	r	1	-6784848	338488	694952	
1143	-3	39	12	-762	-4572	-4572	
	-2	2	-1	-3048	-84	72	
			c-4	14478	-762	-1524	
				-762	36	78	

1144	1	5	1	-3	-1	-3	
88	d	o	1	1	0	0	
13	5	3	1	-87	44	132	
	-2	-1	0	-18	6	28	

1144	13	5	1	34853	21723	16549
1144	d	o	2	-2059	-1286	-978
13	5	3	1	-1519084983	1232372856	-650414908
	-2	-1	-1	-102775588	78319406	-18569890

1145	2	6	1	2748	-512	-686
5	d	o	1	-1210	228	310
229	-22	12	1	-1258	240	340
	0	1	0	608	-112	-144

1145	458	6	1	-3008719248	563845632	761245006
1145	d	o	4	88960358	-16665624	-22489818
229	-22	12	1	-2820048612370459320 2	5221670043988302020	6938630963182055120
	0	1	-2	805544325678166936	-15277689744146959 2	-209451153356126720

1147	2	6	1	-4	3	9
37	d	o	1	-2	1	1
31	-4	6	1	-6325	-1850	74
	-1	-1	-1	665	514	334

1147	74	4	1	780755685	73911681	19270488
37	d	o	1	-128353093	-12151065	-3167880
1147	-49	27	12	5102239838	-128910220	366050324
	-2	0	-1	838252380	-21246852	60163200

1147	74	6	1	3848	-296	-518
37	d	o	1	-622	48	84
1147	5	39	3	-1334146	70448	1036
	-1	-1	-1	-79948	4396	-14840

1148	7	3	1	1876	1526	938
1148	d	o	2	-117	-76	-30
7	-1	3	1	-261807	-196294	-73668
	0	0	-1	14926	12776	6494

1153	2306	6	1	28852379138	-1384943245	1557685705
1153	n	o	1	-849702658	40786583	-45873849
1153	-7	39	1	-39635528	-3975544	-1938193
	0	1	-1	-1215646	-114314	-51717

1155	2	5	1	88	-351	-754
165	d	o	2	20	-33	-50
7	-1	3	1	533777	-1203840	-2171070
	3	3	0	41885	-93768	-168822

1157	2	6	1	771	-324	-1177
89	d	o	1	-81	34	125
13	5	3	1	-301464625	171942037	549881961
	-1	-1	-1	41276769	-12580115	-54187973

```
1157    26   6   1         -4238              -2730               -2054
1157     d   o   2           130                 78                  52
  13     5   3   1    9552178142         5786212536          4202395236
        -1  -1  -1    -280873164         -170088516          -123474312

1159     2   6   1            10                -12                 -20
  61     d   o   1            -2                  2                   2
  19    -7   3   1          -730                732                 976
        -1  -1   0            88               -100                -124

1159   122   6   1           183               4514                6161
  61     d   o   1         12365                584                  33
1159    44  30   3         14213               -244               -2135
         0   1   0         -3095                118                 235

1159   122   6   1         77348               7381                2440
  61     d   o   1         -9876               -947                -316
1159   -37  33   3        434503              43066               13542
        -1  -1   0        -58575              -5410               -1894

1164     1   5   3          -180                -53                  -5
  12     d   r   1           108                 30                   3
  97   -19   3   1           163                 54                   0
        -1  -2   0          -120                -30                  -6

1164    97   5   1        834006             -23959              221063
1164     d   o   4        -48892               1404              -12959
  97   -19   3   1    -337032029           28513926           -51665304
        -1  -2  -2      13113740              725002             5685494

1169    14   5   4      23636025           19137699             8394589
1169     n   o   1       -691301            -559735             -245523
   7    -1   3   1        -22197             -17535               -8183
         0   0  -1           635                517                 219
                c4          -259               -140                 -84
                               5                  6                   2

1179     6   5   1          9099              -3132               -9714
 393     n   o   1          -459                158                 490
   9    -3   3   1       -1555095            609543             1763784
        -1   1  -1         78207             -31119              -89166

1185   158   5   1        135801             -20619              -34286
1185     d   o   2         -3945                599                 996
  79    17   3   1       -5968687           -1709955            -1499025
        -1   1  -1         -169517             -49819             -45167

1196     1   5   1           -37                -10                 -15
  92     d   o   1             4                  5                   2
  13     5   3   1           323                598                 184
        -2  -1   0          -188                -30                 -74

1196    13   5   1        -28223              10894               41457
1196     d   o   2          1522               -697               -2446
  13     5   3   1  -227810974324063   -137977913733374   -100189571378078
        -2  -1  -1   -13174884271514     -7979369733732     -5793750860630
```

1197	6	5	1	-957	-150	18	
21	d	o	1	-129	-50	-16	
171	24	6	3	-71814	-19341	-1512	
	-1	1	-1	-18354	-4125	-894	
1197	6	5	1	-10191	-2763	-1446	
21	d	o	1	-2295	-593	-322	
171	-3	15	3	-50439860170743	7119324329670	-6232696711164	
	-1	1	-1	11006863027125	-1553568608154	1360083325308	
1197	42	5	1	-8862	294	-189	
21	d	o	1	504	58	167	
1197	69	3	9	-818133897	69841044	71920422	
	-1	-2	-1	-178405269	15252396	15693966	
1197	42	3	1	-1239609	100632	-12600	
21	d	o	1	-236313	19184	-2402	
1197	-66	12	36	42	-315	-126	
	2	4	-1	798	3	36	
1197	42	5	1	50757	-3360	1617	
21	d	o	1	11067	-734	353	
1197	-39	33	9	-11940033	1194354	-1905246	
	-2	-1	-1	-7723443	423774	86502	
1197	42	5	1	-9551577	416619	-537180	
21	d	o	1	2084271	-90919	117220	
1197	15	39	9	-43443806610729	1895007966516	-2443235342562	
	1	-1	-1	9480080117109	-413516941932	533171274354	
1197	6	5	1	-60	-21	-6	
57	d	o	1	6	3	0	
63	15	3	3	-507	0	-171	
	-2	-1	0	-57	6	-21	
1197	6	5	1	31818	-7914	1920	
57	d	o	1	-2808	1170	-468	
63	-12	6	3	-172839832770	54591020172	-17759013480	
	-1	1	0	22883846544	-7229795040	2356154424	
1197	114	5	1	-13110	57	-1083	
57	d	o	1	1710	-3	147	
1197	69	3	9	-419007	-12825	-23085	
	-1	-2	0	14877	-1875	2955	
1197	114	3	1	19727814	-1584372	176016	
57	d	o	1	-2539920	208464	-29064	
1197	-66	12	36	2261190	-13680	-190836	
	2	4	0	275424	-4032	-27240	
1197	114	5	1	9633	-627	285	
57	d	o	1	1311	-87	45	
1197	-39	33	9	-146091	5301	15048	
	-2	-1	0	20463	-567	-1914	

```
1197  114   5   1        13110         -570          741
  57    d   o   1          684          -30           39
1197   15  39   9        -9633         -513            0
        1  -1   0          513          111           78

1197    2   3   1         -107          -98          -70
 133    d   o   1           -7          -10           -6
   9   -3   3   1         -107          -98          -70
        0   0   0           -7          -10           -6

1197   14   5   1         1456          882          252
 133    d   o   1         -196          -52            6
  63   15   3   3       625646      -238336      -261212
       -2  -1   0        58520       -18964       -22440

1197   14   5   1        -3220        -1351        -1022
 133    d   o   1          280          117           88
  63  -12   6   3         5600         2527         1862
       -1   1   0         -532         -207         -160

1197   38   5   1         8702         2242          380
 133    d   o   1          760          194           32
 171   24   6   3       -60610          532       -11704
       -1   1   0         4256         -296          976

1197   38   5   1        -3287         -190          247
 133    d   o   1          -19           54           59
 171   -3  15   3        -7543         6916         8246
       -1   1   0        -3325         -108          338

1197  266   5   7      -424270        36442        37772
 133    d  r1   1        37240        -3164        -3234
1197   69   3   9          266         1064          532
       -1  -2   0         1064            4          -44

1197  266   3   1     73444462     -5962257       746529
 133    d   o   1     -6359794       516293       -64647
1197  -66  12  36         -266          133         -133
        2   4   0          266          -13           -9

1197  266   5   1          266         1197        -2394
 133    d   o   1        -3458          219          118
1197  -39  33   9   -737896369     26563558     76261136
       -2  -1   0     68040539     -1905186     -6343864

1197  266   5   1       -53333         2261        -3059
 133    d   o   1         3857         -173          223
1197   15  39   9     -4722697      -416290      -155078
        1  -1   0      -348061       -39554       -19598

1201 2402   6   1  -373513707054  -1979193955  -16962108521
1201    n   o   1   10777922100     57110617    489450001
1201   59  21   1    -276369316      5122265     26875978
       -1  -1  -1       7912504      -154327      -780304
```

1204	1	3	1	27	-7	-14
28	d	o	1	-6	1	6
43	8	6	1	771	-161	-539
	0	0	-1	-314	63	199
1204	7	5	1	3171	-245	616
28	d	o	1	-1298	107	-214
301	-31	9	3	965107847193189	-169247095463670	-202886154431240
	1	-1	-1	364777559032314	-63969201767460	-76683727240170
1204	7	5	1	1295	224	161
28	d	o	1	-492	-85	-61
301	23	15	3	113001	27398	25032
	1	2	-1	-67378	-8860	-4246
1204	1	3	1	-15	40	88
172	d	o	1	-4	8	12
7	-1	3	1	-15	40	88
	0	0	0	-4	8	12
1204	43	5	1	-5676	-2021	-344
172	d	o	1	1397	211	-62
301	-31	9	3	-599495551	104724608	125023274
	1	-1	0	-90571116	15944994	19192926
1204	43	5	1	19780	3397	2451
172	d	o	1	2965	526	371
301	23	15	3	-7611	-6192	-1978
	1	2	0	-5844	-278	-570
1205	2	4	1	-327	16	-30
5	d	o	1	-61	24	-2
241	17	15	1	-327	16	-30
	0	0	0	-61	24	-2
1205	482	3	1	976532	-82181	-242205
1205	d	o	2	-28946	2209	6871
241	17	15	1	-193070643	-37602266	-25096776
	0	0	-1	-5543359	-1084578	-728096
1208	1	6	1	13	-4	-5
8	d	o	1	10	-2	-3
151	-19	9	1	-475	-108	-32
	1	1	0	300	78	14
1208	151	5	1	-806189	196753	258059
1208	n	o	1	46391	-11322	-14850
151	-19	9	1	-9471173	591920	-1827100
	2	1	-1	-537758	32110	-107600
1209	2	3	1	13	3	-24
93	d	o	1	-3	1	2
13	5	3	1	-517	252	648
	0	0	-1	37	-12	-72

1209	62	3	1	-3317	31	-558	
93	d	o	1	423	-15	44	
403	-37	9	3	-131223	20212	23188	
	0	0	-1	-13689	2044	2428	
1209	62	5	1	16492	1333	1240	
93	d	o	1	896	227	74	
403	17	21	3	-628058999104147	68221882719270	-40509857201526	
	1	2	-1	65075887946427	-7070771765286	4210083990414	
1209	26	3	1	105014	42276	5148	
1209	d	o	2	-3020	-1216	-148	
13	5	3	1	59774	-40248	-15756	
	0	0	-1	668	-716	1160	
1209	62	5	1	-4305342	-1973398	-836938	
1209	d	o	2	123908	56706	23990	
31	-4	6	1	8357658954011887946	40106386754844471160	15777889346737051560	
	-2	-1	-1	-240365150150911720	-11534542672577915200	-4537699440544301600	
1209	806	3	1	-4775147	109213	-632307	
1209	d	o	2	137333	-3141	18185	
403	-37	9	3	-246636	34255	35464	
	0	0	-1	-5592	939	1226	
1209	806	5	1	399373	43927	19747	
1209	d	o	2	-11491	-1263	-567	
403	17	21	3	-10923718	766506	2027493	
	1	2	-1	-314818	21392	58177	
1211	2	6	7	-11395	-8828	-3616	
173	d	r2	1	851	706	338	
7	-1	3	1	-147913	84078	-102762	
	0	1	-1	-11463	6210	-7902	
1213	2426	6	1	-339640	31538	-48520	
1213	n	o	1	9866	-912	1398	
1213	17	39	1	-3471079558	163138796	370600612	
	0	1	-1	103109444	-4359112	-10455268	
1221	2	5	4	64	-33	0	
33	d	o	1	-10	5	-2	
37	11	3	1	64	-33	0	
	0	0	0	-10	5	-2	
		c-3		3	2	0	
				1	0	0	
1221	74	5	4	-1295	-2442	-1221	
1221	d	o	4	55	68	23	
37	11	3	1	-57313	-51282	-75702	
	0	0	-2	4861	1130	22	
		c2		2257	37	-962	
				33	-11	-38	
1224	1	3	1	-23	40	-4	
136	d	o	2	-8	2	-4	
9	-3	3	1	-23	40	-4	
	0	0	0	-8	2	-4	

1224	3	3	1	1257	−492	−1440
408	d	o	2	−126	50	142
9	−3	3	1	−19653	9252	24156
	0	0	−1	2136	−696	−2250
1228	307	3	1	−286834091	19919388	−35101459
1228	n	o	1	16370418	−1136850	2003361
307	−16	18	1	3292708238	−459261869	−719907018
	0	0	−1	188037621	−26210589	−41075466
1233	2	6	1	−1450	573	1651
137	d	o	1	124	−49	−141
9	−3	3	1	−7695151	715140	5899905
	−1	−1	−1	398259	−355830	−696435
1235	2	6	1	−38	−47	31
5	d	o	1	194	19	17
247	−31	3	3	−1574533	17890	−274890
	−2	−1	0	−704193	8242	−122786
1235	2	6	1	−1789	252	458
5	d	o	1	−817	112	206
247	−4	18	3	−273	30	−10
	−2	−1	0	69	−6	18
1235	2	6	1	−251	49	−119
65	d	o	2	33	−5	15
19	−7	3	1	−21206768	867880	−9744345
	−2	−1	−2	1859686	−553418	1109731
1235	26	6	1	−18226	−3354	−208
65	d	o	2	2262	416	26
247	−31	3	3	4708366	−57460	824720
	−2	−1	−2	588536	−6396	102284
1235	26	6	1	−1069302	205686	330174
65	d	o	2	179832	−16126	−36606
247	−4	18	3	−2139623228314	−351500493240	−203337854460
	−2	−1	−2	−204273852696	−49797796872	−18034681776
1236	1	3	1	−142	−88	−52
12	d	o	1	175	24	−8
103	−13	9	1	−132591	−38568	−11480
	0	0	−1	76604	22228	6528
1237	2474	6	1	−4940578	389655	−141018
1237	n	o	1	140720	−11095	4016
1237	41	33	1	6951157722437	635846337196	433693869950
	−1	0	−1	−197722513625	−18073141300	−12333583702
1239	2	5	1	−6	1	13
177	d	o	1	0	−1	−1
7	−1	3	1	−352	531	1062
	2	1	0	14	−51	−84

1240	1	4	1	9	0		10
40	d	o	2	−6	2		0
31	−4	6	1	9	0		10
	0	0	0	−6	2		0
1240	31	5	4	13671	−8060		−14260
1240	d	o	2	−776	458		810
31	−4	6	1	16771	8680		3100
	0	0	−1	1050	468		202
			c2	1457	682		248
				81	40		17
1241	2	4	1	13	−1		−3
17	d	o	1	−1	1		1
73	−7	9	1	141	43		21
	0	0	−1	29	11		3
1241	146	4	1	−108259	−5037		17155
1241	d	o	2	3073	143		−487
73	−7	9	1	7811	−1825		−949
	0	0	−1	9	17		83
1247	2	6	1	−7	3		−4
29	d	o	1	−3	1		0
43	8	6	1	1452	2871		3973
	−1	0	−1	1678	245		−199
1249	2498	6	1	90399997100	−5749028345		1647588374
1249	n	o	1	−2557921412	162672159		−46619488
1249	53	27	1	−364158757246	8238932327		34764276312
	1	0	−1	9991386414	−261027153		−1004642982
1251	6	5	1	−25791	23892		−9312
417	n	o	1	1263	−1170		456
9	−3	3	1	−6218715	1977831		6485184
	−1	1	−1	−273969	131613		340266
1251	834	5	1	16869088650	−473687814		−1635020304
417	n	o	1	588980808	−14437974		−54264156
1251	−48	30	3	−885652845078	8644975452		64044389556
	−2	−1	−1	−31354603632	1504020792		3957368112
1251	834	5	1	−4230465	170970		403239
417	n	o	1	207249	−8376		−19755
1251	−21	39	3	−98022793467	5641922430		−4201089435
	1	−1	−1	4984475643	−283697160		187770795
1253	14	5	1	160741	−89614		110054
1253	n	o	1	−4527	2500		−3166
7	−1	3	1	−245017286282755	550548387832142		992053415112410
	2	1	−1	−6921818427527	15553197737814		28025908050122
1256	1	4	1	−1073	−298		−176
8	d	o	1	−909	−182		−140
157	14	12	1	−647017	132870		−57410
	0	0	−1	494012	−85360		46380

1256	157	4	1	28103	-5338	2512	
1256	d	o	2	-1571	300	-146	
157	14	12	1	144911	-15386	-42390	
	0	0	-1	7530	-712	-2446	
1260	3	3	1	219	-54	108	
60	d	o	2	-108	-6	-30	
63	15	3	3	219	-54	108	
	0	0	0	-108	-6	-30	
1260	3	3	1	-93	-90	-45	
60	d	o	2	-60	-12	-15	
63	-12	6	3	-93	-90	-45	
	0	0	0	-60	-12	-15	
1260	1	5	1	35	-44	77	
140	d	o	2	-20	13	3	
9	-3	3	1	-101725679	32791290	106621200	
	-3	-3	-2	-15565620	7395352	19231478	
1260	7	3	1	-679	-266	-28	
140	d	o	2	112	46	6	
63	15	3	3	4711	2058	126	
	0	0	-2	-924	-340	-62	
1260	7	3	1	-497	70	245	
140	d	o	2	98	-6	-37	
63	-12	6	3	-19103	-8295	-6090	
	0	0	-2	-3360	-1357	-1052	
1261	2	6	1	21	-41	36	
13	d	o	1	77	9	12	
97	-19	3	1	797318953	-22967854	211383952	
	0	-1	-1	221159625	-6365726	58626552	
1261	26	6	7	-325	-65	-26	
13	d	r2	1	-77	-15	-8	
1261	-61	21	3	-5317	78	286	
	0	1	-1	-347	122	98	
1261	26	6	1	319111	29614	10595	
13	d	o	1	737673	68066	24159	
1261	-34	36	21	467925484637	-30674758361	-47525068448	
	-2	-3	-1	129783246573	-8507762223	-13180837302	
1261	2	6	1	218	127	89	
97	d	o	1	-22	-13	-9	
13	5	3	1	-189342	147828	-56357	
	0	-1	-1	-19124	15094	-5633	
1261	194	6	1	-1455	873	679	
97	d	o	1	979	-15	-55	
1261	-61	21	3	13531403	-1099689	1451023	
	0	1	-1	-3043555	-36269	-175343	

```
1261  194   6   1      -1248609802      -115138612       -40815078
 97    d    o   1       -126816552       -11691212        -4146114
1261  -34  36  21
      -2   -3  -1

1261   26   6   1         -243061          190801          -71981
1261    d   o   2            6845           -5373            2027
 13     5   3   1      -1606671599      1612476008     -2241899114
        0  -1  -1        99542569        -68249344        -20261298

1261  194   6   1           66057          -23765          -26190
1261    d   o   2           -1859             669             738
 97   -19   3   1       -373519355       -20909902        46339228
        0  -1  -1        -3043323         -3285406         -1684524

1261 2522   6   1           11349           -8827           -2522
1261    d   o   2           -3363             -21              20
1261  -61  21   3       61092992311    -1045391698      4464184634
        0   1  -1      -1721985865        29308582       -125734710

1261 2522   6   1    -137104018142    -12640844060     -4481759191
1261    d   o   2       3860943012       355974832       126209415
1261  -34  36  21      -3510148603      -341444753      -129903176
       -2  -3  -1        105207429         9198393         3012162

1267    2   6   4           -1305             724            -905
 181    d   o   1              97             -54              67
   7   -1   3   1            -545            2896            6878
        0   0  -1            -187             296             410
                c-4           -17             -11             -66
                                3              -3              -2

1267  362   6   1           -4344            -362            -543
 181    d   o   1             558              26              19
1267   71   3   9      -216029835          502094        18978212
       -2  -1  -1       -16028815           41006         1413516

1267  362   4   1      -1534236183      -134356662       -21713484
 181    d   o   1       -114985857       -10069580        -1627352
1267  -64  18  36         2494180          -37829          182991
       -2  -4  -1         -183714            2407          -13887

1271    2   6   7         -140912           83532          148250
  41    d  r1   1          -26454           14076           21558
  31   -4   6   1           -8198            4100            7052
       -1   0   0           -1136             712            1128

1273   38   5   1       106140118         -7455296        50264538
1273    n   o   1        -2974852           208954        -1408794
  19   -7   3   1          -45790           -81472          -56012
       -2  -1  -1            3156              284           -1000

1273  134   5   1       976281455       -211418835      -512705038
1273    n   o   1       -27362819          5925561        14369888
  67    5   9   1     -1817227734        394394495       894554922
       -2  -1  -1        46214196         -9851901       -25907784
```

```
1273  2546  5   1         1476148203557488          131296924882956           28431676226974
1273    n   o   1          -41372880663682           -3679936737788            -796871442022
1273   -58  24  3         1284962828220505 42694   -9828413597119872428   -12544980627898008880
        -1  -2  -1        3601444732366881376     -2754664844481613448     -351605545295090248

1273  2546  5   1          -413774010500             -37977014370              -22596378862
1273    n   o   1            11597089450              1064404292                  633322104
1273   23   39  3           -20781035034             -1909347240                -1135368332
         1  -1  -1             583060360                53478052                   31851292

1281    2   5   4                    79                      -21                           0
  21    d   o   1                     9                       -1                           6
  61   -1   9   1                  3509                    -1092                       -2478
         0   0  -1                 -1023                      292                         482
                c2                   192                      -58                        -121
                                     -48                       14                          25

1281   14   5   1                -25144                      175                        3913
  21    d   o   1                 -5444                       43                         859
 427   41   3   3            -21128749243              -2886457938                -2774861838
        -1   1  -1             4684237415                629330354                  593996518

1281   14   5   1                 -8785                     -770                        -490
  21    d   o   1                  2617                      484                         -46
 427  -40   6   3            -793483936                120790425                   133262325
         1   2  -1             173135570                -26363245                   -29078795

1281   14   5   1                 43057                    42448                       26593
1281    d   o   2                 -1203                    -1186                        -743
   7   -1   3   1              -2659342                  1456497                    -1893318
         1   2  -1                -74912                    42113                      -50360

1281  122   5   4               1258918                  -398391                     -748104
1281    d   o   2                -35174                    11131                       20902
  61   -1   9   1                100040                   -30744                      -60207
         0   0  -1                 -3010                      862                        1637
                c2                  8357                    -2440                       -4575
                                    -219                       66                         131

1281  854   5   1              -8344861                   134932                     1453081
1281    d   o   2                233155                    -3770                      -40599
 427   41   3   3             -29441650                  4546269                     -432978
        -1   1  -1               -895778                   127595                        -572

1281  854   5   1               5632130                  -118706                     -491050
1281    d   o   2               -160752                     2734                       13746
 427  -40   6   3  -32970881101346389 13926   500320098110120264424    552730168595647207452
         1   2  -1    9180764714249 7593800  -14023891219800450040   -15447451492282183040

1287    6   5   1                   -54                       12                           3
  33    d   o   1                    12                       -2                          -1
 117  -21   3   3               -415695                   110781                      -12474
        -1  -2  -1                 74217                   -19341                        1620

1287    6   3   1                244242                   -38388                      -11124
  33    d   o   1                 -3576                     -536                      -10480
 117    6   12  3            14808039486              -2742771168                -4719607092
         0   0  -1             2576234544               -477937464                 -821780328
```

1287	6	5	1	−1089	−1299	−894
429	d	o	2	57	61	38
9	−3	3	1	12283247697	13970408166	9117422028
	−2	−1	−1	−593165001	−674405790	−440240916
1287	78	5	1	585	−1131	1326
429	d	o	2	−429	65	52
117	−21	3	3	14198813421	−367078140	−4109233986
	−1	−2	−1	685641957	−17743908	−198388554
1287	78	3	1	2457	−312	468
429	d	o	2	−117	16	−22
117	6	12	3	3120	−351	1404
	0	0	−1	−312	45	−18
1288	1	5	1	9	−7	−17
184	d	o	1	0	2	3
7	−1	3	1	−91	−368	−460
	−1	1	0	−42	10	48
1288	7	5	1	13783	−7679	9457
1288	d	o	4	−768	428	−527
7	−1	3	1	120366827	−66570924	83936384
	−1	1	−2	−6722880	3743602	−4616714
1292	19	5	1	39805	−513	18069
1292	d	o	4	−1417	490	−903
19	−7	3	1	−55846062741007	8647913465700	−29062845133330
	−1	1	−2	3172655470434	−443414476750	1625479846080
1295	2	4	1	828	123	63
5	d	o	1	242	63	9
259	−19	15	3	268175	−19350	38322
	0	0	−2	−126963	7302	−17562
1295	2	6	1	9451	−960	−2252
5	d	o	1	−4221	434	1012
259	8	18	3	−2848	675	1135
	1	2	−2	2438	−77	−379
1295	2	6	1	−184	−330	−322
185	d	o	2	14	24	24
7	−1	3	1	23454302	−11398960	20762180
	−1	1	−2	1864936	−1153860	957428
1295	74	4	1	−15466	−2886	−851
185	d	o	2	1140	212	63
259	−19	15	3	−22755	1665	−3071
	0	0	−2	−1691	95	−247
1295	74	6	1	−1464312	311540	541754
185	d	o	2	−188486	7324	30910
259	8	18	3	180025094774	244579626660	268465081000
	1	2	−2	−117884097560	−7299885352	5259610912

1297	2594	6	1	-1056403554513	40025844119	-60465846878	
1297	n	o	11	29333228531	-1111400305	1678959236	
1297	-25	39	1	11827343	-546037	693895	
	-1	0	-11	371967	-11237	20797	
1304	1	4	1	376	-101	-109	
8	d	o	1	-268	71	77	
163	-25	3	4	3315	752	68	
	-2	0	-1	2358	522	32	
1304	163	3	1	384680	118501	26406	
1304	n	o	3	-21370	-6562	-1476	
163	-25	3	4	-77425	-25428	5216	
	-2	2	-3	8004	1346	498	
1305	2	6	1	46	-82	10	
145	d	o	4	8	-2	4	
9	-3	3	1	-6958	-14500	-6380	
	-2	-1	0	1160	772	760	
1308	1	3	1	-56	9	-12	
12	d	o	1	37	-7	4	
109	2	12	1	-56	9	-12	
	0	0	0	37	-7	4	
1308	109	3	7	61694	-8175	-20928	
1308	d	r1	2	-2619	677	1276	
109	2	12	1	-218	-981	0	
	0	0	-1	-235	-15	-36	
1309	14	5	1	58219	-32305	40306	
1309	d	o	2	-1609	893	-1114	
7	-1	3	1	-224028791	127132698	-147170870	
	2	1	-1	6100383	-3307898	4438894	
1311	2	5	1	-42	-34	-49	
69	d	o	1	-2	0	5	
19	-7	3	1	-393802525	-224279118	-52408674	
	-2	-1	-1	-46247609	-27170910	-5709978	
1313	2	6	1	20622	-15736	6137	
101	d	o	1	-1986	1604	-585	
13	5	3	1	541663709	-425410586	160369416	
	-1	-1	0	-53927271	42312206	-15969904	
1313	26	6	1	-19461	-11557	-8190	
1313	d	o	4	537	319	226	
13	5	3	1	-1079260	849511	-315120	
	-1	-1	-2	-29784	23317	-8942	
1316	1	5	1	43	-30	37	
188	d	o	1	-8	3	-6	
7	-1	3	1	27446497	-15282050	19006330	
	-1	1	-1	-4014358	2220450	-2776160	

1317	878	3	1	854294	-34242	94385
1317	n	o	1	-23528	942	-2603
439	-28	18	1	1290221	-153211	-218622
	0	0	-1	33333	-4485	-6144
1321	2642	6	1	-91231672143	4741420386	-105633765
1321	n	o	1	2510118509	-130453896	2906373
1321	71	9	1	-4034448389353	28520819325	356933495907
	0	-1	-1	110978730873	-786683343	-9822345711
1324	331	5	1	18894049651	-1766698267	1825313071
1324	n	o	1	-1038510891	97106519	-100328280
331	-1	21	1	-357835163	29783380	-119870326
	1	-1	-1	50196538	-4901834	161092
1332	3	3	1	-165	9	36
12	d	o	1	-120	3	18
333	-30	12	3	-165	9	36
	0	0	0	-120	3	18
1332	3	5	1	-165	9	27
12	d	o	1	102	-6	-15
333	-3	21	3	-77757	7722	-6606
	2	1	0	-43188	4296	-4146
1332	3	3	1	2517	2874	1872
444	d	o	2	-240	-272	-178
9	-3	3	1	-29157	17874	-12222
	0	0	-1	-2388	2130	-876
1332	111	3	1	-73815	-13431	-10656
444	d	o	2	7104	1271	994
333	-30	12	3	-2069817	-367299	-292707
	0	0	-1	193362	35343	27579
1332	111	5	7	49173	9435	4995
444	d	r2	2	-4662	-896	-475
333	-3	21	3	111	0	-666
	2	1	-1	-444	42	24
1333	62	5	1	-1085	-1147	0
1333	n	o	1	31	31	0
31	-4	6	1	31653480	17892859	5330667
	-2	-1	-1	-1074770	-441719	-220565
1333	86	5	1	-37926	14921	-6407
1333	n	o	1	1040	-409	175
43	8	6	1	-43459713	-17318336	-11950345
	-2	-1	-1	1186407	475102	330141
1333	2666	3	1	84078997661	7034444949	741762513
1333	n	o	1	-2302685049	-192658307	-20317695
1333	-70	12	12	3999	2666	1333
	-2	-4	-1	-883	-12	29

1333	2666	5	1	1104858522965	-36599957056	-107574401008
1333	n	o	1	-30196006365	1000243546	2939978056
1333	38	36	3	13954239813022	-867665945271	447452995445
	-2	-1	-1	-382214849172	23765283603	-12254354391
1337	14	5	1	111524	-239099	-435050
1337	n	o	1	-3050	6539	11898
7	-1	3	1	81542307	-183392279	-330574587
	1	2	-1	-2234921	5017217	9037619
1339	2	4	1	-113841	-32950	-9870
13	d	o	1	31377	9150	2670
103	-13	9	1	-113841	-32950	-9870
	0	0	0	31377	9150	2670
1339	26	6	1	19721	1586	39
13	d	o	1	-5447	-442	-13
1339	-73	3	9	-47463	-6760	-1690
	-2	-1	0	22919	1040	-390
1339	26	6	1	275574	24869	13221
13	d	o	1	118908	10731	5705
1339	8	42	9	-3796	169	533
	-1	1	0	1658	-79	-121
1340	67	3	1	-1206	804	-134
1340	d	o	2	57	-42	12
67	5	9	1	7035	-5762	-9246
	0	0	-1	1218	-30	-336
1341	2	6	1	-5	206	205
149	d	o	1	-17	-10	3
9	-3	3	1	-14104069861	-16206670698	-10674646974
	-1	0	-1	1173429087	1320601870	854056562
1343	2	6	4	-212	68	0
17	d	o	1	42	-16	4
79	17	3	1	12442	-476	-5168
	0	0	-1	3112	-156	-1252
		c-3		40	-10	-8
				0	2	-2
1349	38	5	1	87324	50540	11191
1349	n	o	1	-2378	-1376	-305
19	-7	3	1	113970303	124871534	-16894876
	-1	1	-1	-7526829	-2748522	-1824164
1351	2	6	1	-21	18	4
193	d	o	1	1	0	2
7	-1	3	1	-191	-193	-965
	1	1	0	39	-43	-33
1351	386	6	1	81934290	7205462	1941194
193	d	o	1	-5948132	-519742	-138390
1351	-52	30	3	382299418	-26945116	-36899284
	0	-1	0	27668368	-1942720	-2646384

1351	386	6	1	51917	−1737		−4825
193	d	o	1	−3499	145		359
1351	29	39	3	34740	−3088		−5597
	−1	−1	0	−4586	42		289
1355	2	6	1	114	−19		6
5	d	o	1	−70	11		−2
271	29	9	1	19777	−1420		−5370
	1	1	0	11709	−132		−1986
1359	6	5	1	−69933	51774		−27642
453	n	o	1	3279	−2440		1294
9	−3	3	1	−29507691387999	21900693094110		−11650329747036
	−2	−1	−1	1386197996331	−1028907592158		547601175972
1359	906	5	1	−25950113607	−2242598244		−292008330
453	n	o	1	1219242705	105366454		13719746
1359	69	15	3	−20233906799025	−1722038992740		−245070402498
	2	1	−1	925112425605	81196061964		9593187162
1359	906	5	7	140230597101	−5957389863		−13157804931
453	n	r2	1	−6588223167	279871579		618155867
1359	−12	42	3	906	−1359		0
	−2	−1	−1	−906	−15		−42
1364	1	3	1	−43	22		33
44	d	o	1	10	−6		−11
31	−4	6	1	1090	−561		−946
	0	0	−1	−297	181		292
1365	2	3	1	−44	42		−21
105	d	o	2	−6	4		−1
13	5	3	1	−44	42		−21
	0	0	0	−6	4		−1
1365	14	5	1	−491960	33208		−127638
105	d	o	2	−48182	3300		−12382
91	−16	6	3	277457139554	−95746371000		−119960875860
	−3	−3	0	−27079205760	9344022808		11706431672
1365	14	3	1	56	−35		0
105	d	o	2	12	−1		2
91	11	9	3	56	−35		0
	0	0	0	12	−1		2
1365	14	3	1	−1379	3255		5880
1365	d	o	4	39	−89		−158
7	−1	3	1	−18571	39690		72870
	0	0	−2	473	−1118		−1978
1365	26	3	1	47203	−19929		−72618
1365	d	o	4	−1281	537		1964
13	5	3	1	−1149577	−759486		−627354
	0	0	−2	−34451	−19154		−11854

1365	182	5	1	−916825	59696	−235326
1365	d	o	4	24855	−1604	6372
91	−16	6	3	17077697	−1112475	4398030
	−3	−3	−2	−464551	30011	−118724
1365	182	3	1	1083173	−273455	128310
1365	d	o	4	−29275	7395	−3492
91	11	9	3	29706677	−3900260	−13018460
	0	0	−2	853887	−118108	−346436
1368	1	6	4	−91	−24	−4
8	d	o	1	70	16	2
171	24	6	3	−2279	−420	−168
	0	0	−2	912	322	−28
			c4	−7	2	4
				0	1	2
1368	1	6	1	262	69	37
8	d	o	1	−184	−49	−26
171	−3	15	3	564073	−79692	69924
	−2	−1	−2	399912	−56392	49258
1368	3	3	1	255	−36	−18
24	d	o	1	24	−12	−24
171	24	6	3	255	−36	−18
	0	0	0	24	−12	−24
1368	3	5	1	−768	27	117
24	d	o	1	−138	45	72
171	−3	15	3	14739771	−1820340	−3925152
	−2	−1	0	6066600	−750042	−1596366
1368	1	3	1	443	448	320
152	d	o	1	−62	−80	−48
9	−3	3	1	75265	−56064	29952
	0	0	−1	12288	−9088	4816
1368	19	3	1	5035	988	38
152	d	o	1	−646	−196	−48
171	24	6	3	749455	181602	25764
	0	0	−1	−119928	−29776	−4508
1368	19	5	1	−3952	−1045	−551
152	d	o	1	646	169	90
171	−3	15	3	2971771	−435708	726180
	−2	−1	−1	782040	−107744	38402
1368	3	3	1	267	252	180
456	d	o	2	−24	−24	−18
9	−3	3	1	2811	2808	1620
	0	0	−1	−216	−282	−204
1368	57	5	4	19551	−4104	−4788
456	d	o	2	−1824	384	450
171	24	6	3	78033	−18468	−20520
	0	0	−1	−8208	1518	1884
			c4	25593	−5358	−6270
				−2394	501	588

1368	57	5	1	−16302	−2565		−513
456	d	o	2	−684	−345		−264
171	−3	15	3	−148843161951	−39429218988		−21009720060
	−2	−1	−1	−13953661560	−3691018392		−1969375854
1379	2	4	3	170	−1540		476
197	d	r	1	164	12		88
7	−1	3	1	−63	46		−36
	0	0	0	−5	2		−4
1381	2762	6	7	40080763	−1466622		1722107
1381	n	r1	1	−1078551	39466		−46341
1381	−31	39	1	−658737	−58002		−19334
	1	0	−1	−17779	−1582		−658
1385	2	4	1	183	−14		−28
5	d	o	1	93	−8		−12
277	26	12	4	−2082	−405		−295
	0	2	−1	1024	167		135
1385	554	4	7	−7869016	−3627592		−1659784
1385	d	r2	2	567434	41192		61712
277	26	12	4	968946	−116340		−44320
	0	2	−1	7592	−2192		2808
1387	2	6	1	13	−4		3
73	d	o	1	−1	0		−1
19	−7	3	1	2	−73		−146
	−1	0	0	18	−11		−8
1387	146	6	1	21900	1752		1387
73	d	o	1	2390	206		175
1387	65	21	3	5840	584		511
	−1	−1	0	888	62		47
1387	146	6	1	2086561336	185334006		81062120
73	d	o	1	244207450	21692042		9488200
1387	−16	42	3	53740113182	−3016008140		−5303911944
	−1	0	0	−6401652032	343062344		616430504
1389	926	5	1	21765630	2438158		1980714
1389	n	o	1	−584010	−65420		−53146
463	23	21	1	−94932254158	−14285498304		−9811123716
	1	2	−1	2675183244	376004228		241475128
1393	14	5	1	−959097328	535178917		−664093983
1393	n	o	5	25697278	−14339151		17793197
7	−1	3	1	−1532286	3074351		5170816
	2	1	−5	−29376	75885		146626
1393	398	5	1	−28813159653	3033196407		7873117993
1393	n	o	5	771996493	−81269011		−210945955
199	11	15	1	−559588	51541		208950
	2	1	−5	23054	−2621		−4832

1393	2786	5	1	−42496411195	3473517936	3732675835	
1393	n	o	5	1138614465	−93066630	−100010297	
1393	−73	9	3	210296067186086	−1336351569679	1580713535 0244	
	−1	−2	−5	−5634556905414	35801623419	−423523422438	
1393	2786	5	1	911915031499724	−17162777555854	−83099190676852	
1393	n	o	5	−24433113712622	459845579022	2226492496724	
1393	62	24	3	300607430705352697122	−2133534785574020 4692	555268905655860 9308	
	−2	−1	−5	−8054688789507572616	57160393174334 5040	−148804506551445432	
1395	2	6	1	−2791	−490	−17	
5	d	o	1	1185	230	19	
279	33	3	3	−5491093	431490	729000	
	2	1	0	−1149735	434254	340112	
1395	2	4	1	94	12	12	
5	d	o	1	24	8	4	
279	−21	15	3	94	12	12	
	0	0	0	24	8	4	
1395	6	5	1	−603	−804	−612	
465	d	o	2	27	38	28	
9	−3	3	1	10698261	−8184465	5301000	
	−1	1	−1	561255	−405267	171762	
1395	186	5	1	−11718	1860	2139	
465	d	o	2	558	−86	−97	
279	33	3	3	−1150446549	214793730	220542525	
	2	1	−1	57139665	−9260760	−10186539	
1395	186	3	1	66123	−9486	3999	
465	d	o	2	−3069	440	−185	
279	−21	15	3	−60357	4185	10881	
	0	0	−1	−2325	117	531	
1397	254	5	1	191389	−48133	10160	
1397	n	o	1	549	−155	24	
127	20	6	1	−4193540	241681	1370457	
	2	1	−1	113490	−5961	−36347	
1407	2	3	1	−6141	1246	3108	
21	d	o	1	−1271	290	692	
67	5	9	1	−6141	1246	3108	
	0	0	0	−1271	290	692	
1407	14	5	1	1568	−252	−182	
21	d	o	1	−186	54	60	
469	−43	3	3	−24652390	158760	−3182004	
	−1	−2	0	−5358396	31356	−697752	
1407	14	5	1	187894	−5313	−29939	
21	d	o	1	−41284	1163	6571	
469	38	12	3	−406	63	147	
	−2	−1	0	220	5	−17	

1407	2	5	1	723	71	383
201	d	o	1	−51	−5	−27
7	−1	3	1	46433	52059	37989
	2	1	−1	−3961	−2131	97
1407	134	5	1	−7772	−1608	335
201	d	o	1	544	114	−23
469	−43	3	3	20331083	−3038517	−3182433
	−1	−2	−1	1440655	−213883	−224033
1407	134	5	1	53290862	−1506294	−8484478
201	d	o	1	3756992	−105874	−598462
469	38	12	3	383284376916787255610	−10817446575993772848	−61038723092040618876
	−2	−1	−1	27034795536311195816	−763003856637536608	−4305339571369298120
1413	2	6	1	2559	−1115	−2997
157	d	o	1	211	−75	−233
9	−3	3	1	−31082701	12310370	35387800
	−1	0	0	−2484211	978310	2821600
1413	314	6	4	−299556	−24178	−23550
157	d	o	1	23864	1932	1880
1413	−75	3	12	−314	−1256	−628
	2	0	0	1256	4	52
		c−2		4082	314	314
				−314	−26	−24
1413	314	6	1	1105437	83367	22451
157	d	o	1	69551	7729	3493
1413	33	39	3	19469875679	−1122299428	−1774539914
	0	−1	0	−1554931297	89475236	141587382
1415	2	6	1	859	−154	18
5	d	o	1	379	−68	8
283	32	6	1	−20733743	−2303440	−914935
	−1	−1	−1	−3736063	−1158190	−1528869
1417	2	6	1	−346	61	−55
13	d	o	1	−96	17	−15
109	2	12	1	2349869	−443430	−935285
	0	−1	−1	−656317	121720	258715
1417	26	6	1	11070878	1024322	857623
13	d	o	1	−3594980	−273002	−190029
1417	59	27	3	245206235670386355781	20494199505288583594	15741005630816883664
	1	0	−1	−68007974421770884269	−5684068224462438066	−4365769373983377240
1417	26	6	1	1196	117	39
13	d	o	1	−326	−31	−11
1417	−49	33	3	−30066387	2059954	3032640
	−1	0	−1	9039725	−589390	−797224
1417	2	4	1	−769	393	−236
109	d	o	1	45	−55	10
13	5	3	1	184341	−137278	55374
	0	0	−1	−16635	13770	−4850

1417	218	6	1	135093728	11285642	8664301	
109	d	o	1	-12929726	-1081178	-830793	
1417	59	27	3	157158403918705921	13135220212336234	10088780650017676	
	1	0	-1	-15053056556423223	-1258125127664718	-966330166338588	
1417	218	6	1	-9919	-327	-436	
109	d	o	1	63	-47	18	
1417	-49	33	3	-515333579	150011686	490578044	
	-1	0	-1	-589076389	28272618	13198108	
1417	26	4	1	35347	-31733	26689	
1417	d	o	2	-939	843	-709	
13	5	3	1	286	-611	26	
	0	0	-1	-22	7	-8	
1417	218	6	1	81201730	-14326306	11419276	
1417	d	o	2	-2157252	380554	-303372	
109	2	12	1	-933858516686235286	-264831692982403092	-139817769135093140	
	0	-1	-1	-247943459241566200	-7037787578210480	-3712112518291352	
1417	2834	6	1	107259371479	8964685925	6885523242	
1417	d	o	2	-2849379679	-238149763	-182916138	
1417	59	27	3	-243129078371036	17004593096686	-4943008283759	
	1	0	-1	-6572712931752	442211878692	-138625105155	
1417	2834	6	1	-1309308	123279	51012	
1417	d	o	2	34828	-3271	-1354	
1417	-49	33	3	1201054868	-32583915	75752820	
	-1	0	-1	-32688948	798495	-2031810	
1419	2	5	4	-2510990	-1003992	-696036	
33	d	o	1	437640	174664	120808	
43	8	6	1	-14903753434	-5983968276	-4126816056	
	0	0	-1	2607922136	1036508320	720681176	
			c2	308536	123022	85304	
				-53606	-21454	-14836	
1428	1	5	3	-193	-9	-104	
204	d	r	2	-3	18	-6	
7	-1	3	1	409	-306	306	
	3	3	0	74	-30	48	
1429	2858	6	1	-601994830	43928889	-7047828	
1429	n	o	5	15924900	-1162075	186440	
1429	71	15	1	8712856897433	696734314750	608218410800	
	0	-1	-5	-230497590805	-18430282510	-16089564280	
1435	2	3	1	202	220	60	
205	d	o	2	20	12	8	
7	-1	3	1	202	220	60	
	0	0	0	20	12	8	
1448	1	6	1	5575	-598	813	
8	d	o	1	-3940	423	-575	
181	-7	15	1	265347113	-25182316	61650636	
	1	1	-1	-260975034	30334230	-21850588	

```
1448   181   6   1              651419           -69866              95025
1448     d   o   2              -34226             3675              -4993
 181    -7  15   1         12283136573      -1317331756         1797575436
         1   1  -1           -646935186          69466470          -94080052

1449     6   5   4               -40290             2070             -13869
  69     d   o   1                 4758             -216               1707
  63    15   3   3             15305793         -5428782           -6243534
         0   0  -1              1882251          -655458            -737706
                c3               -10728             3735               4188
                                  -1260              447                516

1449     6   5   1                   93               48                 42
  69     d   o   1                   -9               -6                 -6
  63   -12   6   3               -69546            22977              -6831
         1   2  -1                -8694             2625               -933

1449     2   5   1                  478              536                341
 161     d   o   1                  -38              -42                -27
   9    -3   3   1            -31542313         23426466          -12452223
        -2  -1  -1             -2486967          1844720            -982559

1449    14   5   4               -23359             1127              -8211
 161     d   o   1                 1841              -89                647
  63    15   3   3                -3367             5313              11592
         0   0  -1                -2415              523                158
                c2                  693              -98                 84
                                    -21               -4                -20

1449    14   5   1             -3025246           305144            1258278
 161     d   o   1               236600           -24812             -99742
  63   -12   6   3   125895646172850470   52727146267991580   39771864716812536
         1   2  -1     9923869756753008    4154880166549904    3134657765584840

1453  2906   6   1            471297986         -34847299          -42295377
1453     n   o   1            -12363654            914183            1109615
1453   -67  21   1          2247187460125     -166371074716      -202227891962
        -1  -1  -1           -59119644691        4367056732         5293810758

1457    62   3   1         -185977369814       43279943944       -66735031884
1457     n   o   1             4872258536       -1133853416         1748332768
  31    -4   6   1          1387939766306      -776765404244     -1280511938568
         0   0  -1            36360343696        -20349603624       -33547385912

1461   974   5   1            -2419975563         -348611645         -112862737
1461     n   o   1               63310951            9120511            2952637
 487   -25  21   1           1575139233641        -98579721462      167122203354
        -1  -2  -1             47044229795         -1738556746         4644445102

1463     2   3   4                -1003              924               1232
  77     d   r   1                  -93              116                144
  19    -7   3   1                   17              -10                -18
         0   0   0                    1               -2                 -2

1463    14   5   1               -34377            -8505              -6335
  77     d   o   1                 3917              969                723
 133    17   9   3              -828275          -201894            -147994
         1   2   0                92301            23178              17566
```

1463	14	5	1	−413	−112	−42
77	d	o	1	−183	−48	−18
133	−10	12	3	−2065	0	−1386
	−1	−2	0	663	−96	6
1463	2	5	1	750	−1635	−2892
209	d	o	1	−52	113	200
7	−1	3	1	−173399983	−139045401	−61894305
	1	2	−1	−11993049	−9618411	−4279677
1463	38	5	1	106286	26239	19589
209	d	o	1	−7352	−1815	−1355
133	17	9	3	184585	46607	34485
	1	2	−1	−13065	−3167	−2379
1463	38	5	1	3039620	−1045304	672866
209	d	o	1	−198050	69580	−50866
133	−10	12	3			
	−1	−2	−1			
1464	1	5	4	−55	0	−12
24	d	o	1	6	−6	2
61	−1	9	1	3421	−780	792
	0	0	−1	−1478	292	−334
			c4	5	−4	−3
				−1	−1	−2
1464	61	5	4	−17995	2928	−12444
1464	d	o	2	938	−154	650
61	−1	9	1	24217	−24156	7320
	0	0	−1	−4718	8	−986
			c4	549	244	61
				45	9	4
1467	6	3	1	−45642	−31224	−8580
489	n	o	1	2064	1412	388
9	−3	3	1	1302	−828	−72
	0	0	−1	24	−24	36
1467	978	5	1	−5219532210	−458175396	−130817280
489	n	o	1	236035410	20719408	5915762
1467	51	33	3	−23827928430	1516097556	2107873620
	2	1	−1	−1090387848	67431780	94999368
1467	978	5	1	−41372714442	1478745780	3079674078
489	n	o	1	1072793628	−138651068	−168529474
1467	24	42	3	−283345730309216838	−25482207616224012	−10388070933382008
	2	1	−1	−12813321916640352	−1152346056726480	−469766151653328
1468	367	5	1	−239522183	38716298	−5178370
1468	n	o	1	12497259	−2021840	269573
367	35	9	1	9593319445	−1446134874	243243196
	1	2	−1	−508968468	74241582	−13756014
1469	2	6	1	−36	−14	−4
113	d	o	1	−2	−2	−2
13	5	3	1	4070	2712	2260
	0	−1	0	428	236	144

1469	26	5	1	−28441985	2240407	−841685
1469	d	o	2	74495	−58293	22077
13	5	3	1	−932970188828552771	732379793604395612	−276261272054638546
	0	−1	−1	24342204341783843	−19108521351571716	7207644670308170
1476	3	5	1	207	−459	156
492	d	o	2	60	−17	17
9	−3	3	1	−42428800797	30837023730	−13867869438
	−2	−1	−1	−3485677812	2646204966	−1637055504
1477	14	3	1	−20797	29288	58989
1477	n	o	1	541	−762	−1535
7	−1	3	1	20811	−39718	−64736
	0	0	−1	−327	918	1832
1477	422	5	1	170291348	−29229619	−46014036
1477	n	o	1	−4431006	760559	1197292
211	−13	15	1	−8074441023	−1717990274	−627403014
	−1	1	−1	−210027235	−44707066	−16308694
1477	2954	5	7	5831077261016	−49388295250	−492004443343
1477	n	r2	1	−151724762990	1285084566	12801966809
1477	74	12	3	2954	−1477	1477
	1	−1	−1	−960	43	31
1477	2954	5	1	−23123779461405	−1920237223639	−435523508427
1477	n	o	1	601684149899	49964855591	11332385883
1477	−61	27	3	−80857815817738690887	1556410859410519210	−5278220441068780436
	−1	1	−1	−2099564260139582691	40192182698018442	−137735650751308428
1480	1	6	3	9	−4	−3
40	d	o	2	0	1	−1
37	11	3	1	1161	−140	−820
	−1	−2	0	398	−36	−250
			b2	43	20	20
				−17	−6	−4
1480	37	6	1	209013	−105968	19869
1480	d	o	4	−10866	5509	−1033
37	11	3	1	−42395303	4331960	28435980
	−1	−2	−2	−2233622	240354	1475540
1484	7	5	1	−2331	5250	9394
1484	d	o	2	123	−271	−487
7	−1	3	1	−20083477295	−16105754798	−7167988604
	1	2	−1	−1042679170	−836160840	−372113426
1489	2978	6	1	−6078770542586	−186262750368	−319297488126
1489	n	o	3	157531860198	4827015158	8274621802
1489	77	3	19	2978	−5956	5956
	−5	−3	−3	3868	−160	−148
1491	2	3	1	−220	471	855
213	d	o	1	14	−33	−59
7	−1	3	1	14465	10266	3240
	0	0	−1	931	838	464

1497	998	3	1		3781285835874	-426473170348	152906160828
1497	n	o	1		-97730159536	11022517944	-3951974048
499	32	18	1		598942669090	-66698060552	21801124372
	0	0	-1		-14855359904	1697532808	-663228056
1501	38	5	1		-2755000	-1595658	-355699
1501	n	o	1		71110	41186	9181
19	-7	3	1		-3261527365	480377038	-1683905856
	-1	1	-1		-84186253	12389790	-43471496
1501	158	5	1		-1473113	402189	103095
1501	n	o	1		38023	-10381	-2661
79	17	3	1		-710247525	-209665684	-184962226
	-1	1	-1		-18622325	-5310524	-4786458
1501	3002	5	1		-5199315401	-413136741	-50936435
1501	n	o	1		134201023	10663591	1314735
1501	-73	15	3		-20002328961473	1511330215222	1720917877242
	-1	-2	-1		513562113705	-38982237574	-44610855346
1501	3002	5	1		176212137494	14662101222	4514925445
1501	n	o	1		-4549299768	-378544278	-116570845
1501	-46	36	3		-484515029323	33072011819	55075427490
	-1	1	-1		-16100531139	951149013	1208244816
1503	6	5	1		279	312	-1845
501	n	o	1		-9	-10	85
9	-3	3	1		-13058729823	-15548757444	-9821699190
	-1	1	-1		-616650339	-670003548	-451924446
1505	2	6	1		222	-57	-59
5	d	o	1		-148	17	25
301	-31	9	3		-62933253	11451650	13514270
	-1	-2	-2		29208801	-4936474	-6013118
1505	2	4	1		231	-4	-85
5	d	o	1		223	-18	-31
301	23	15	3		-150815	8336	30746
	0	0	-2		-64403	4264	14130
1505	14	3	1		24171	-55125	-100205
1505	d	o	2		-623	1421	2583
7	-1	3	1		35049	28665	12985
	0	0	-1		917	721	315
1505	86	5	1		-435687352	166525928	-74146190
1505	d	o	2		11239238	-4294280	1905582
43	8	6	1	-15383518332874629680940	9332819989886905386	67814313734180551804
	-2	-1	-1		-20759995303161733432	9953348905537096528	22706935035448947256
1505	602	5	1		-14930202	-2592513	-429226
1505	d	o	2		384856	66827	11064
301	-31	9	3		7624932	1348480	233275
	-1	-2	-1		-200320	-34178	-5417

```
1505   602   3   1         -2396261          -433741          -320565
1505    d    o   2            61765            11181             8263
 301    23  15   3          1383095          -201369            90601
         0   0  -1            38091            -5297             1879

1516   379   5   1       11083433552      -1460869523        489421271
1516    n    o   1        -569317740         75039827        -25139882
 379    29  15   1      -11819432981       -394906630      -1013581682
        -2  -1  -1          -91207758        -88306336        -29282638

1517     2   6   1             -173               86              -20
  41     d   o   1               27              -14                2
  37    11   3   1            18780            -9676             2009
        -1  -1   0            -3036             1518             -253

1517    74   5   1          -182373            92685           -17427
1517     d   o   2             4695            -2379              443
  37    11   3   1      -986700412159      107836281774      648621372024
        -1  -1  -1       -24782343945        2489052858       16705547040

1524     1   3   1              -97              -24              -21
  12     d   o   1               58               14               11
 127    20   6   1            -1334             -603             -354
         0   0  -1             1411              185              238

1529   278   5   1         -37127873         -7963171         -7162392
1529    n    o   1            949503           203649           183170
 139    23   3   1         277646801        -72919539          6640447
         2   1  -1           7123397         -1864927           164037

1533     2   3   4             2147             -315              504
  21     d   r   1             -457               67             -114
  73    -7   9   1               67              -40             -118
         0   0  -1               63              -16              -14

1533    14   5   1           367500            46683            42686
  21     d   o   1            83942            10663             9750
 511    44   6   3           579488            84315            87381
         1   2  -1           159938            17981            14197

1533    14   5   1             5299              154              595
  21     d   o   1             1373                6               95
 511   -37  15   3      377795516616077    -47656348954494   -60410215779354
        -2  -1  -1       -82979866574095    10325529241658    13166807284102

1533    14   5   1          -359625           199675          -248906
1533     d   o   2             9189            -5097             6358
   7    -1   3   1       -7643905676239     4486945601082    -4603557949326
         2   1  -1         187835661689      -97986117766      147511899706

1533   146   3   4            58619           -18396           -29127
1533     d   r   2            -1443              462              757
  73    -7   9   1             6935            -1898            -3504
         0   0  -1             -169               62               88
```

1533	1022	5	1		2557582083	324885624	297068317
1533	d	o	2		-65322197	-8297776	-7587305
511	44	6	3		-2529278815	333024321	-30831696
	1	2	-1		-64719637	8488973	-803906
1533	1022	5	1		-1162525	31682	-127750
1533	d	o	2		29599	-822	3260
511	-37	15	3		23166603509	-2905620606	-3699070746
	-2	-1	-1		593377165	-74260798	-94288322
1535	2	6	1		-24328	3391	5311
5	d	o	1		-10906	1521	2385
307	-16	18	1		-68903	-12120	-4255
	-1	-1	-1		30153	5514	2055
1540	1	5	1		-355	793	1432
220	d	o	2		48	-107	-193
7	-1	3	1		-1579709	3560260	6410690
	0	3	-2		213908	-479206	-864130
1541	134	5	1		-878973	181436	598176
1541	n	o	1		22391	-4622	-15238
67	5	9	1		1143487272271	393603905854	232164822468
	-2	-1	-1		29134046965	10025491858	5915022356
1544	1	6	1		-165	27	-10
8	d	o	1		-98	23	-4
193	23	9	1		-195	88	4
	0	1	0		-312	26	-26
1544	193	5	1		15633	-3667	1930
1544	d	o	2		-808	185	-100
193	23	9	1		-1923662459	-398785092	-316172600
	0	1	-1		-98089918	-20288328	-16045418
1545	206	3	1		3513021	1018155	302305
1545	d	o	2		-89375	-25903	-7691
103	-13	9	1		220626	56135	21630
	0	0	-1		-4566	-1529	-324
1547	2	4	1		-1949434	101196	-486648
17	d	o	1		-439392	34632	-115992
91	-16	6	3		-1949434	101196	-486648
	0	0	0		-439392	34632	-115992
1547	2	6	1		389	116	79
17	d	o	1		95	28	19
91	11	9	3		1974	629	408
	-1	1	0		518	143	102
1547	2	3	1		66	-340	-816
221	d	o	2		20	-32	-44
7	-1	3	1		66	-340	-816
	0	0	0		20	-32	-44

1547	26	3	1	91	−65	−78	
221	d	o	2	15	−3	−4	
91	−16	6	3	91	−65	−78	
	0	0	0	15	−3	−4	

1547	26	5	1	7267	2171	1469	
221	d	o	2	493	145	99	
91	11	9	3	39585	20332	9282	
	−1	1	0	4769	836	874	

1548	3	5	1	33765	5295	5022	
12	d	o	1	−19569	−3046	−2900	
387	−39	3	3	−2102629467957	312168956292	−16339853754	
	2	1	−1	−1213970306628	180228220962	−9436311606	

1548	3	5	1	5514	963	372	
12	d	o	1	−3186	−556	−215	
387	15	21	3	−613005	−111258	−40662	
	1	2	−1	374100	62874	25644	

1548	1	5	3	59	−191	−4	
172	d	o	1	33	−2	17	
9	−3	3	1	23737	287670	65790	
	−1	−2	0	−45924	−12470	−26740	
			b2	−130	−430	−602	
				−5	84	82	

1548	43	5	9	43	−172	172	
172	d	r	1	−387	21	18	
387	−39	3	3	43	−86	86	
	2	1	0	−172	14	12	

1548	43	5	3	38872	6794	2623	
172	d	o	1	−5934	−1037	−400	
387	15	21	3	88795	−13674	−19092	
	1	2	0	18060	−1300	−2606	
			b1	−5590	602	1204	
				−817	98	186	

1549	3098	6	1	10205287543	−485642480	413355297	
1549	n	o	1	256705221	−12240206	10393131	
1549	11	45	1				
	0	1	−1				

1557	2	6	1	202	−354	35	
173	d	o	1	−32	8	−15	
9	−3	3	1	57220542515	−42489259488	22594720014	
	−1	−1	−1	−4351903749	3228685944	−1718962338	

1560	1	3	1	−11	12	−24	
120	d	o	2	6	−4	−2	
13	5	3	1	−11	12	−24	
	0	0	0	6	−4	−2	

1560	13	3	1	14183	8424	5772	
1560	d	o	4	−724	−422	−294	
13	5	3	1	−249119	192972	−60216	
	0	0	−2	−11874	9452	−4202	

1561	14	3	1	279079012681	223222849199	99627832087
1561	n	o	1	-7063593957	-5649853615	-2521617609
7	-1	3	1	10353	6713	4067
	0	0	-1	-203	-203	-63
1561	446	5	4	-138242882144022	3786339327652	-24520785332260
1561	n	o	1	3498978936216	-95833661360	620630227368
223	-28	6	1	6119863482	-1329809656	-1517035996
	0	0	-1	157168168	-33209688	-38338976
			c3	-506656	-5352	-76266
				12894	144	1966
1561	3122	5	1	15069618953262657	1240336075088264	817672539897129
1561	n	o	1	-381417679351729	-31393368926158	-20695597121895
1561	41	39	9	32204991	-3894695	594741
	0	-3	-1	1557039	-37521	55297
1561						
1561	n		1			
1561	-13	45	9			
1565	2	4	1	-623	96	9
5	d	o	1	211	-42	9
313	35	3	7	131317	-954	-24822
	0	0	-1	60831	-798	-11082
1565	626	4	1	-40975769	-6408362	-6056863
1565	d	o	2	1035097	162108	153101
313	35	3	7	4823144391	-801212392	63801294
	0	0	-1	116451185	-21108896	804130
1569	1046	3	1	90637743052	11302094852	1113354555
1569	n	o	1	-2288219124	-285330026	-28107487
523	-43	9	1	95186	-1046	9937
	0	0	-1	1990	-48	265
1577	38	5	4	193344969	-206522343	-265505297
1577	n	o	1	-4868745	5200573	6685861
19	-7	3	1	2065908	1212713	280706
	0	0	-1	52584	29967	6356
			c3	7752	4579	1159
				196	111	21
1580	79	5	1	-505047	-148362	-131298
1580	d	o	2	25701	7365	6617
79	17	3	1	53422820830519	-25918440867630	-196179710130
	-1	1	-1	3833232062322	-971812037328	286414128114
1581	62	5	1	-1550	1178	2635
1581	d	o	2	40	-30	-67
31	-4	6	1	-5633041	1294839	-2020518
	-1	-2	-1	140699	-33147	50508
1589	14	5	1	-3583741	1988658	-2479974
1589	n	o	1	89903	-49888	62214
7	-1	3	1	-8462284834899	19013209903926	34259248350754
	2	1	-1	-212247445567	476950087630	859468780866

```
1591    2  6   1            21                  1                 -8
  37    d  o   1             1                 -1                 -2
  43    8  6   1       -5243675           -2072592           -1447514
       -1 -1  -1         852761             344288             236382

1591   74  6   1         217634              -2886             -17797
  37    d  o   1         -35538                458               2929
1591   71 21   3   -2202783011630      635228614780      -896203345332
       -1  0  -1   -3276829009180      145510198608        96760688948

1591   74  6   1       1318330128          109271286           61421184
  37    d  o   1        -216732180          -17964086          -10097582
1591   17 45   3   5821604124036482  -284483484407340   221626527689268
       -1  0  -1    957066096059652   -46768803607236    36435156417912

1592    1  6   1            -49                  6                  6
   8    d  o   1              7                  0                 -7
 199   11 15   1          -6271                980               -588
        1  1   0          -4494                672               -434

1592  199  5   7           -597                  0              -1194
1592    n  n   1           -243                 43                 24
 199   11 15   1        -104077              15920             -11940
        2  1  -1          -5694                870               -440

1596    1  3   1            565                -48               -182
  12    d  o   1           -316                 26                106
 133   17  9   3          31267              -1250              -8160
        0  0  -2         -13286               1900               5590

1596    1  3   1             19                 -3                 -3
  12    d  o   1             -4                  1                  3
 133  -10 12   3            454                -96               -141
        0  0  -2           -219                 52                 89

1596    7  5   1          -5747              -1631              -2800
1596    d  o   8            288                 81                139
   7   -1  3   1      755362069          625186716          297667566
        0  3  -4      -38453588          -29864498          -12318070

1596   19  3   1          78907             -11742              40470
1596    d  o   8          -3950                588              -2026
  19   -7  3   1          55537              -8436              27702
        0  0  -4          -2710                386              -1448

1596  133  3   1         988855            -223440              76342
1596    d  o   8         -49504              11186              -3822
 133   17  9   3         296191             -35378             -67032
        0  0  -4           7350                -84              -3934

1596  133  3   1        1740305            -187131             314013
1596    d  o   8         -87152               9361             -15723
 133  -10 12   3      -19208924            2017344           -3499629
        0  0  -4         951777            -103762             174073
```

```
1597
1597      n   1
1597     50  36   1


1603      2   6   1         -848              -681              -304
 229      d   o   3           56                45                20
   7     -1   3   1       -13051            -10534             -4580
          0   1  -3          871               694               316

1603    458   6   3    -9488340658        -751103512        -593191524
 229      d   o   3      636688782          49455458          38375448
1603     65  27   3  -187983543 4211      -6442126324       97703877294
         -1  -1  -3    -68062154223        3978015876        9904007454
              b2        -932029542          -73065885         -57194811
                         61569196            4828931           3780863

1603    458   6   1       1768338            144957             48548
 229      d   o   3       -116854             -9579             -3208
1603    -43  39   3         -5954            -25648              6412
          1   1  -3         30628               844              1272

1608      1   3   1          1567               208               304
  24      d   o   1          -188              -200               -44
  67      5   9   1          1567               208               304
          0   0   0          -188              -200               -44

1608     67   3   1         25661              8576              5360
1608      d   o   2         -1216              -444              -256
  67      5   9   1       1169619           -299088            216544
          0   0  -1         59776            -15172             10116

1609   3218   6   1  62260022632504767  -2299994038878016  3038526221645871
1609      n   o   1  -1552141290069335    57338811707918   -75750406282581
1609    -19  45   1  -23967607576070700 -1981190678051384  -853938066455789
         -1   0  -1     597216939880320    49401951032166    21274259079219

1611      6   3   1       -119574             88800            -47088
 537      n   o   1          5160             -3832              2032
   9     -3   3   1         -1434              1584             -2880
          0   0  -1           192              -120               -24

1612      1   3   1          4486              2714              1972
 124      d   o   1          -805              -488              -354
  13      5   3   1         35779            -25418             10864
          0   0  -1          5736             -4982              1650

1612     31   5   1        160673              1984            -11129
 124      d   o   1        -28872              -356              1997
 403    -37   9   3  -117353830129337    2529309740862    -15588518977094
          1  -1  -1   -21233210481078      477913014780    -2772190854186

1612     31   5   1         -1395              -124              -124
 124.     d   o   1            -7               -18                -3
 403     17  21   3      -19851067           2186926          -1473988
         -1   1  -1        3840906           -411824            213690
```

```
1612    13    3    1              -6162                  5460                 -1768
1612     d    o    2                307                  -272                    88
  13     5    3    1              -1547                   832                  2600
         0    0   -1                -88                    28                   124

1612    31    3    1              52421                -29016                -47151
1612     d    o    2              -2610                  1446                  2349
  31    -4    6    1             192262                 90675                 36270
         0    0   -1               9369                  4575                  1770

1612   403    5    1          900507127             135432986              19404047
1612     d    o    2           -44853272              -6747032               -967325
 403   -37    9    3  -485394101282361869  -72996539467030530  -10471229243816510
         1   -1   -1   24172399175729178    3636366522601980     520713146722710

1612   403    5    1            -2970513               -450554               -289354
1612     d    o    2             147963                 22444                 14415
 403    17   21    3          394875321321          -27369889274          -73257003092
        -1    1   -1          19714537358           -1356455716           -3644840934

1615     2    6    1               -162                    82                   100
  85     d    o    2                  2                   -12                   -16
  19    -7    3    1            -700058                746300                960160
        -1    1    0              75856                -81092               -104100

1621  3242    6    1           22344455665          -1681344967           -1811319989
1621     n    o    1            -554976897             41760441              44989025
1621   -79    9    1         -40274794634783        3034429021010         3273230075772
        -1   -1   -1          1001669204883          -75375075618          -81204951156

1624     1    4    1                 47                    -4                    28
 232     d    o    2                  2                    -4                     2
   7    -1    3    1                 47                    -4                    28
         0    0    0                  2                    -4                     2

1624     7    3    1               6167                 17892                 20916
1624     d    o    2               -306                  -888                 -1038
   7    -1    3    1               1267                  3024                 11340
         0    0   -1                282                  -342                  -324

1628     1    5    4                 23                     0                   -22
  44     d    o    1                 12                    -2                    -6
  37    11    3    1                 23                     0                   -22
         0    0    0                 12                    -2                    -6
                  c2                  6                    -1                    -3
                                      1                     0                    -1

1628    37    5    4            -231139                117216                -21978
1628     d    o    2              11448                 -5814                  1086
  37    11    3    1            2556811              -1355310                351648
         0    0   -1            -140946                 68664                 -7986
                  c4               3737                 -1073                 -1258
                                     21                    30                   -78

1629     2    4    3                -61                    54                   -72
 181     d    o    1                 -9                     6                     0
   9    -3    3    1                -61                    54                   -72
         0    0    0                 -9                     6                     0
                  b2                108                   -41                  -121
                                     -8                     3                     9
```

1629	362	6	3	−289753307	−22534138	−2156072
181	d	r	1	21564159	1677046	160460
1629	78	12	3	362	−181	181
	0	−1	0	362	11	15
1629	362	6	3	869524	72581	52852
181	d	o	1	−65160	−5363	−3940
1629	−57	33	3	181529063	−12938604	3524070
	0	−1	0	15487989	−796316	382946
			b1	−5903858	358199	−131587
				−439106	26633	−9755
1631	2	6	3	−91	299	622
233	d	o	1	13	−23	−36
7	−1	3	1	−102052	239291	441302
	0	1	0	7462	−16113	−28372
			b2	9964	−22368	−40309
				−652	1466	2641
1641	1094	5	4	−44962033594	−6202980000	−3044061564
1641	n	o	5	1109919944	153124996	75144836
547	−1	27	4	7658	19692	0
	0	0	−5	−4540	−168	−324
			c4	43760	−3282	3282
				1096	−78	84
1643	2	6	1	−103	28	−22
53	d	o	1	−11	2	−6
31	−4	6	1	2388076	−1338409	−2209729
	−1	0	−1	−329422	184103	303045
1645	14	5	1	−28238	−22610	−10059
1645	d	o	2	696	558	249
7	−1	3	1	−6131209441	−4927488930	−2185573320
	−1	1	−1	151555881	121276026	54154512
1649	2	6	1	86	−100	−177
17	d	o	1	124	−28	−15
97	−19	3	1	−11088270024	4522421923	4780266720
	1	0	−1	−3081391940	984838985	1148410754
1649	194	6	1	−611876	−171690	−17460
1649	d	o	2	15068	4228	430
97	−19	3	1	−23633274	5659368	−10019324
	1	0	−1	−1361764	−83396	−268560
1651	2	6	1	−17	−2	11
13	d	o	1	7	0	−3
127	20	6	1	−141	−26	−13
	0	1	0	−23	−8	−9
1651	26	6	1	6084	−143	−637
13	d	o	1	2260	3	−139
1651	77	15	3	19201	−182	−1612
	0	1	0	5665	−54	−436
1651	26	6	1	15423174	−579358	−1376050
13	d	o	1	4328748	−156532	−379226
1651	23	45	3	−81888348698	3018107092	7241277472
	−1	−1	0	−22719187440	837444564	2008104516

```
1652    1  5  1              -75              -79               -7
 236    d  o  1                9               12                4
   7   -1  3  1       -261777689       -211582850        -95816708
        1  2 -1         34221754         27228456         11902538

1653   38  5  1            90744           -28177            68039
1653    d  o  2            -3584              -89            -1847
  19   -7  3  1   -12225720449476387   -860765922158358   -4889835612769014
       -2 -1 -1     120326962897967    -83159010913258     97121723382670

1655    2  6  3            -3051              283             -354
   5    d  o  1            -1537              145             -122
 331   -1 21  1          -456603            44400            -5810
        1  1  0           -92663             7928           -26082
              b1           -1986              205              395
                             820              -91             -183

1656    1  5  1              -83               38               67
 184    d  o  1               -7                2               12
   9   -3  3  1           -20423             7912            23828
       -2 -1  0            -3128             1258             3468

1656    3  5  1           -10515           -11844            -7791
 552    d  o  2              885             1016              658
   9   -3  3  1       -4309531299285    3359004825564    -1672334706168
       -2 -1 -1        -381377900136     269418855822     -153140349882

1657
1657    n     1
1657  -70 24  1

1659    2  5  1            -2892             1245              -43
  21    d  o  1             -792              225              -51
  79   17  3  1         -2907385          -547722          -652050
       -1  1  0           432429           190026           133722

1659   14  5  1          2843848           387891           138957
  21    d  o  1          -619598           -84511           -30275
 553  -22 24  3             2954              441              147
        1 -1  0             -728              -91              -35

1659   14  3  1           -54250             4088            -3724
  21    d  o  1            11436             -932              800
 553    5 27  3           -54250             4088            -3724
        0  0  0            11436             -932              800

1659    2  5  1            32807           -18187            22766
 237    d  o  1            -2133             1185            -1472
   7   -1  3  1       3432033675989    -7807931144076   -14165627241486
        1  2 -1         230322459909     -511279613252     -915043772254

1659  158  5  1           -9259432         -1262973          -452433
 237    d  o  1            -589958           -80467           -28827
 553  -22 24  3          -230322367         11814450        -21264825
        1 -1 -1            14994105          -771440          1375505
```

1659	158	3	1	−20224	1343	−79
237	d	o	1	558	−31	125
553	5	27	3	3208743	−187704	−452986
	0	0	−1	176927	−16496	−31714
1661	302	5	1	−12630697	3101238	4085154
1661	n	o	1	309915	−76094	−100236
151	−19	9	1	296948899	81907232	12613634
	2	1	−1	8872251	1912792	621122
1665	2	4	1	26	2	3
5	d	o	1	−4	−2	−1
333	−30	12	3	446	−69	18
	0	0	−2	222	−29	8
1665	2	6	1	−529	−132	−85
5	d	o	1	−337	−50	−19
333	−3	21	3	−4830864853	−865440810	−427220070
	1	2	−2	−1996745145	−401829130	−222119198
1665	2	4	1	542	−380	220
185	d	o	2	−40	28	−16
9	−3	3	1	−1678	600	1860
	0	0	−2	−120	52	140
1665	74	4	1	489078062	−69455216	18617956
185	d	o	2	−35953936	5106304	−1369504
333	−30	12	3	1024270127762	−38951172948	−184577138544
	0	0	−2	75379407360	−2874194240	−13567579264
1665	74	6	1	98642	18796	9805
185	d	o	2	−7252	−1382	−721
333	−3	21	3	−2731081	−375735	−124320
	1	2	−2	125985	34385	23338
1668	1	5	1	98	30	37
12	d	o	1	−97	−16	−10
139	23	3	1	−594635712719	−134589600594	−123531841398
	2	1	−1	343313263166	77705240998	71321219504
1669	3338	6	1	−2347343353	157997554	203599641
1669	n	o	1	57341045	−3865462	−4990947
1669	−67	27	1	6520808166937933699	5629112686035031726	1462770565736870350
	0	−1	−1	1781369017937943657	125459382104568978	20148760594663962
1672	1	3	1	−107	−16	−64
88	d	o	1	10	−4	12
19	−7	3	1	8561	−3824	5792
	0	0	−1	−3332	−56	−1428
1672	19	3	1	18867	−2812	9652
1672	d	o	2	−922	138	−472
19	−7	3	1	38095	−5776	18924
	0	0	−1	−1808	258	−970

```
1673   14   5   4         70846545          56830137         25280703
1673    n   o   1         -1732091          -1389411          -618075
   7   -1   3   1           978719            798021           346311
        0   0  -1           -24399            -19245            -8781
                c2            2366              1631              931
                              -48               -45              -15

1677    2   5   1             1727             -1344              490
 129    d   o   1              149              -118               46
  13    5   3   1         -1050058            825471          -317598
       -1  -2   0           -93074             72959           -26972

1677   86   5   1           -15910             -1247             -516
 129    d   o   1              482               115              170
 559   47   3   3          -253270            -40119           -48762
        1  -1   0            36224              3455             2404

1677   86   3   1              688               -43                0
 129    d   o   1               16                -1                6
 559   -7  27   3              688               -43                0
        0   0   0               16                -1                6

1677   26   5   1             5681             -2379            -8723
1677    d   o   4             -139                59              213
  13    5   3   1       -822268291        -380246334       -134911296
       -1  -2  -2        -14475107         -11642798        -11901688

1677   86   5   1          -172129             65747           -29025
1677    d   o   4             4191             -1603              717
  43    8   6   1       -487649713          61740432        265105191
       -2  -1  -2         -8834107           2735626          7324007

1677 1118   5   1           193973              5590           -51987
1677    d   o   4            11893              -230             -985
 559   47   3   3  -4550675369940193   25609194826254   616983548115792
        1  -1  -2  -111121009871047     625760710186    15066700280792

1677 1118   3   1           406393            -13975           -20124
1677    d   o   4            -5783               907              750
 559   -7  27   3        151033415          11368942         10191688
        0   0  -2          1461417            425938            72704

1683    6   3   1            -5187              3861            -2013
 561    d   o   2              219              -163               85
   9   -3   3   1             -291               297             -495
        0   0  -1               33               -21               -3

1685    2   4   1             -930               103              -79
   5    d   o   1              436               -41               39
 337    5  21   1           -56731              5926           -10646
        0   0  -1            42655             -4302             1174

1685  674   4   1          -126375              7751            -4718
1685    d   o   2            -1127               241             -252
 337    5  21   1         29621963          -2916398         -2364392
        0   0  -1           -96271              7134           112160
```

1687	2	6	1	1832	−590	−2313	
241	d	o	1	−118	38	149	
7	−1	3	1	−47716	202199	459346	
	1	1	−1	10306	−17039	−24584	
1687	482	6	1	−57410337970	−4360640504	−619855374	
241	d	o	1	−3707440820	−279294356	−38568642	
1687	−76	18	39				
	3	4	−1				
1687	482	6	1	−794095	−65311	−46031	
241	d	o	1	51153	4207	2965	
1687	59	33	3	−40185063	880855	3378579	
	1	0	−1	−2584159	57869	218087	
1688	1	6	1	5	1	4	
8	d	o	1	−6	1	−1	
211	−13	15	1	−91125971	7675692	−13348624	
	−1	0	−1	64426920	−5425042	9442178	
1688	211	5	1	−1475734	251512	397313	
1688	n	o	1	71832	−12243	−19342	
211	−13	15	1	−19161092093	1613247764	−2809514796	
	−1	1	−1	−933207142	78615516	−136636294	
1691	2	6	1	−139	−78	−22	
89	d	o	1	15	8	2	
19	−7	3	1	5885928	3406742	755165	
	−1	−1	−1	−624462	−360948	−80161	
1692	1	5	1	−869	−832	−613	
188	d	o	1	103	139	80	
9	−3	3	1	−4791717984935	3556542773856	−1892399498358	
	−1	−2	−1	−698944123884	518775433294	−276034261078	
1693	3386	6	1	−3860040	455417	−57562	
1693	n	o	1	−178300	4295	−5900	
1693	47	39	1	−1936340499794439	109324410018350	−51939550724600	
	1	1	−1	−47060363920585	2656989586890	−1262300301520	
1705	62	5	1	−195080148	−91859138	−34949524	
1705	d	o	8	4724550	2224618	846444	
31	−4	6	1	675444967741786502	−156361035449447620	245611396319342900	
	−1	1	−4	16480320041661120	−385525614129674	5835271476273224	
1708	1	5	1	−12808	−6169	−2103	
28	d	o	1	−6822	−1911	−1248	
61	−1	9	1	−143950420548395	30479076479502	−32908455141282	
	−2	−1	−1	54291068940318	−11562597028896	12417720154998	
1708	7	5	1	−994	133	0	
28	d	o	1	309	−52	6	
427	41	3	3	−82228398959	12201712978	−626836420	
	−1	1	−1	31174222420	−4612518310	222065006	

```
1708    7   3   1              -49               -14                 -7
  28    d   o   1               40                 2                 -1
 427  -40   6   3            -2058              -231                 14
   0    0  -1                  615               113                 24

1708    7   5   1             6531            -15106             -27069
1708    d   o   6             -316               731               1310
   7   -1   3   1            -4263              -854             -11956
  -1    1  -3                 -390               372                166

1708   61   5   3          -469578             56669             -32635
1708    d   o   6            14256             -5823                 96
  61   -1   9   1      225617249779       82141873002        39596212152
  -2   -1  -3                                              
              b1          10928441616        3972142302         1910445510
                         -38464648          -13957776           -6740622
                          -1855623            -676698            -324870

1708  427   5   7          -1476566            219051             -11102
1708    d  r1   6             71375            -10600                550
 427   41   3   3               427              -854                854
  -1    1  -3                  -542                44                 38

1708  427   3   1           -412909            -60634              -4697
1708    d   o   6             19984              2934                227
 427  -40   6   3              -854              -854               -427
   0    0  -3                   281                 6                -17

1713 1142   5   1       -328696281901       13289982175       -32160917779
1713    n   o   1          7941748141         -321104001         777051409
 571  -31  21   1           369378758          -40738566         -59110491
  -1   -2  -1                 9404814           -1003640          -1381237

1719    6   5   1              2745              2892               1983
 573    n   o   1              -105              -128                -79
   9   -3   3   1       -113327316570       84116019528      -44755959636
  -2   -1  -1               -4734368952         3513918804        -1869768924

1720    1   4   1               -11                10                 20
  40    d   o   2                12                 0                 -4
  43    8   6   1               -11                10                 20
   0    0   0                    12                 0                 -4

1720   43   3   1           1362283            544380             377110
1720    d   o   2            -65696            -26252              18186
  43    8   6   1          -1354027            497510            -233060
   0    0  -1                -62826             25002             -10520

1729    2   6   1           5974157           1484922            1103389
  13    d   o   1          -1665093           -409998            -306655
 133   17   9   3 -12034418040131517062352721412364332119607769290557761421904752
   1    2  -2     -33377402455532463851   75478398614397514416 -25767371075424001698

1729    2   6   1               395               -84               -136
  13    d   o   1              -107                24                 38
 133  -10  12   3             15121             -4017              -5954
  -2   -1  -2                 -4929               923               1580
```

```
1729   26  6  1            38610              -2795                 78
  13    d  o  1            -10626               781                -16
1729   83  3  9         8760863189         -642183152           14161914
       -1 -2 -2         -2441629963          177287496           -4730246

1729   26  6  1             40014              -585               2080
  13    d  o  1              8960               -11                748
1729  -79 15  9         731889665          -53176058          -61858056
        1  2 -2         -215629361           14857562           16321472

1729   26  6  1           -172939              3380              33566
  13    d  o  1           -134913              5302               6440
1729   29 45  9    50768010715654141   4021939301080818   2426529801808736
       -2 -1 -2   -14080902229470027  -1115471967107622   -672964769557992

1729   26  6  1           -384020             16224             -15795
  13    d  o  1            113426             -4792               4665
1729    2 48  9           -703703            -59761             -28496
       -2 -1 -2           -211025            -15905              -8562

1729    2  5  1               -22                26                -50
 133    d  o  1                 6                -4                 -2
  13    5  3  1                 2              -532               2660
        1 -1  0              -252               152                156

1729   14  5  1               385                84                  0
 133    d  o  1                31                12                  4
  91  -16  6  3              5467             -2128              -2926
       -1  1  0              -617               192                218

1729   14  5  4           2901010           -734160             350588
 133    d  o  1           -253524             63876             -29640
  91   11  9  3           2901010           -734160             350588
        0  0  0           -253524             63876             -29640
              c2             4326             -1134                728
                             -442               108                -34

1729   38  5  1             12711              2413                 95
 133    d  o  1              1159               209                 19
 247  -31  3  3          -2741757            318402            -717668
       -1  1  0            492233             19190              65132

1729   38  5  1           3595123           -479484            -892791
 133    d  o  1            311931            -41538             -77397
 247   -4 18  3         -13407559           1747620            2878785
       -2 -1  0           -949617            129930             274665

1729  266  5  1            -57855              4522               -399
 133    d  o  1              5715              -394                -17
1729   83  3  9          15677907            -25270           -1179710
       -1 -2  0           1370839             -2670            -102110

1729  266  5  1          -1228787             13965             -73283
 133    d  o  1            -97191               549              -7103
1729  -79 15  9          -9813139            129808           -542374
        1  2  0           -725313              2360             -57082
```

1729	266	5	1	−26387998	1324547	−871150
133	d	o	1	2288106	−114851	75538
1729	29	45	9	−917850955	−73747436	−43986026
	−2	−1	0	−80974575	−6325092	−3859938
1729	266	5	1	51124801	−2159920	2100735
133	d	o	1	−4434815	187362	−182231
1729	2	48	9	−248311	7448	−10241
	−2	−1	0	17283	−994	707
1729	14	3	1	−916118	1714769	2728894
1729	d	o	2	22032	−41239	−65628
7	−1	3	1	−3444	−2527	−1330
	0	0	−1	−74	−65	−24
1729	26	5	1	−2662946	2593838	6929182
1729	d	o	2	64042	−62380	−166642
13	5	3	1	−360676290	195819624	332223892
	1	−1	−1	2852476	−139436	−9713528
1729	38	3	1	14748161	8410597	1804335
1729	d	o	2	−354683	−202269	−43393
19	−7	3	1	5472	−247	2470
	0	0	−1	92	−27	56
1729	182	5	1	−139236552	5609968	−44134454
1729	d	o	2	3348462	−134940	1061398
91	−16	6	3	331982742847650258	−21556885521983084	85180040763418328
	−1	1	−1	−7986668961840712	517608528671936	−2048686063146216
1729	182	5	4	79231607	−13588211	−20078877
1729	d	o	2	−1905465	326787	482883
91	11	9	3	−2074618	−340613	−376922
	0	0	−1	−25842	−14265	−6204
			c3	−21203	−5915	−4277
				−477	−151	−97
1729	266	5	1	−267667288	22251831	87727864
1729	d	o	2	6437212	−535141	−2109794
133	17	9	3	2233402204208	561775813235	426244878696
	1	2	−1	55055844198	13397873841	9809078082
1729	266	5	1	−3047233490	329389130	−540975638
1729	d	o	2	73283664	−7921626	13010070
133	−10	12	3			
	−2	−1	−1			
1729	494	5	1	473702034	−100402783	−106951247
1729	d	o	2	−11392204	2414617	2572103
247	−31	3	3	−87307090	−16154047	−1061606
	−1	1	−1	−2111198	−385831	−22480
1729	494	5	1	50014495986	−6672202602	−12486311890
1729	d	o	2	−1202991888	160426410	300270702
247	−4	18	3			
	−2	−1	−1			

```
1729  3458  5  7           -339779622              -18728528              -20983144
1729    d  r2  2              8171464                 450408                 504630
1729   83   3  9                 3458                  -6916                   6916
        -1  -2 -1                 4500                   -172                   -160

1729  3458  5  1          -135215089464             1169684061            -8927243689
1729    d   o  2             3251828726              -28130087              214693993
1729   -79 15  9             -116766286              -20341685              -57928416
         1  2 -1               19348694                -680597                  70354

1729  3458  5  1             -99557549                -112385                5453266
1729    d   o  2                2398509                   2491                -131008
1729   29  45  9  -827160088890348122   41518123286289195  -27298880199154564
        -2 -1 -1    -19892628317785224     998481580710447    -656519293223994

1729  3458  5  1           10821309133544          -457178694336           444655204994
1729    d   o  2             -260244947766           10994829180           -10693647982
1729    2  48  9 -224068812486140258 -17893924554243556   -9059137488087232
        -2 -1 -1              5379795226157344      430717957528832        218639762406432

1736    1   6  3                    67                     -7                     -6
   8    d   r  1                     0                      5                     -5
 217   29   3  3                  -123                     40                    -20
        -1 -2  0                   192                    -30                    -10

1736    1   6  3                  -318                    -68                    -15
   8    d   r  1                  -235                    -46                     -8
 217  -25   9  3                    37                     -4                      8
        -2 -1  0                   -42                      0                     -6

1736    1   5  4                   167                     84                     28
  56    d   o  1                    48                     22                     10
  31   -4   6  1                   167                     84                     28
         0  0  0                    48                     22                     10
              c-3                    5                      6                      0
                                     4                      1                      1

1736    7   5  1                 -2205                     77                    588
  56    d   o  1                   706                      1                   -137
 217   29   3  3                556703                 108164                 106428
        -1 -2  0                162370                  28702                  25360

1736    7   5  1                  2436                   1050                    497
  56    d   o  1                  1373                    132                    -52
 217  -25   9  3                -47341                 -13272                  -4508
        -2 -1  0                -17376                  -2574                      6

1736    1   5  7                   898                   -265                   1139
 248    d  r1  1                   134                   -104                     27
   7   -1   3  1                -19343                  43276                  77500
         1  2 -1                  2414                  -5448                  -9878

1736   31   5  1                 48701                   7347                   5084
 248    d   o  1                 -4066                   -965                  -1127
 217   29   3  3        -64014434660781        -11847218192552        -11067197458964
        -1 -2 -1          8126629877568          1505269630878          1405487987482
```

```
1736    31   5   1           -1860                1054                 961
 248     d   o   1             235                -134                -122
 217   -25   9   3          -885949              212412              304792
        -2  -1  -1           158910              -28908              -30786

1736     7   5   1            4116               -1855                2765
1736     d   o   4            -198                  90                -131
   7    -1   3   1        105563563          -297467072          -514507868
         1   2  -2          6964906           -12757050           -24019888

1736    31   3   1           -29915               16926               27776
1736     d   o   4            1434                -812               -1334
  31    -4   6   1           112871              -65534             -107198
         0   0  -2            -5674                3062                5088

1736   217   5   1          -54362189             816137            12352074
1736     d   o   4           2609436              -39169             -592919
 217    29   3   3      545374524714173     -8186839576440    -123919443680116
        -1  -2  -2       -26178932884920       392959745602       5948303533422

1736   217   5   1             -434                   0               -1953
1736     d   o   4              267                  48                 102
 217   -25   9   3          922935936349       -38282213844      157828601448
        -2  -1  -2          -44358109914         1849085076       -7561738362

1737     2   6   1               48                 -35                  27
 193     d   o   1               -4                   3                  -1
   9    -3   3   1            -2893                2123                -965
        -1   0   0              193                -145                  89

1737   386   6   1           596370               26827                8106
 193     d   o   1            11966                2317                2980
1737   -75  21   3          -4804735             -395071             -348944
         0   1   0           -383105              -27983              -22218

1737   386   6   1         -10896375858         -929343636         -457147906
 193     d   o   1           811598968            65715912            30641050
1737     6  48   3      458357943464810    -19914124002064    -38162939429780
        -1  -1   0        33082943654032       -1426003455016     -2743460108656

1741  3482   6   1          116791503           -7070201           -11102357
1741     n   o   1           -2800025             169471              266029
1741   -49  39   1          -1072983523         -148852018         -811953652
         1   0  -1          -283360389           11424730            2463612

1743     2   3   1              -29                   9                 -15
 249     d   o   1                1                  -1                   1
   7    -1   3   1              -29                   9                 -15
         0   0   0                1                  -1                   1

1745     2   4   1            60932               -1050                7967
   5     d   o   1           -24300                 -46               -4107
 349   -37   3   4               57                 520                1050
         0   2   0            -2821                 256                  46
```

1745	698	4	1	2978017	-13960	433807
1745	d	o	4	-71289	334	-10385
349	-37	3	4	220568	43625	6980
	0	2	-2	-6646	-813	70
1748	1	5	1	12625	-2122	6660
92	d	o	1	-2784	355	-1408
19	-7	3	1	-52656061	10293420	-28546726
	-2	-1	0	12439854	-1301678	6139812
1751	2	6	1	9	-3	-8
17	d	o	1	-1	1	2
103	-13	9	1	-2990	-867	-272
	-1	-1	0	-718	-209	-58
1752	1	3	1	17	16	0
24	d	o	1	-24	-4	-4
73	-7	9	1	17	16	0
	0	0	0	-24	-4	-4
1752	73	3	1	-2263	39712	38544
1752	d	o	4	16	-1884	-1864
73	-7	9	1	683353	-905200	-3354496
	0	0	-2	-413000	99036	68236
1753						
1753		n	1			
1753	-10	48	1			
1756	439	3	1	-13648347131	607928956	-1531177125
1756	n	o	5	651400068	-29014866	73079097
439	-28	18	1	257465598	-32496097	-45393478
	0	0	-5	12257235	-1551471	-2169306
1757	14	5	4	-275835	-221382	-98392
1757	n	o	1	6587	5278	2352
7	-1	3	1	-9494814	5755932	-6690656
	0	0	-1	-243628	123592	-165732
			c2	7896	-2618	5012
				126	-112	98
1763	2	4	1	-298602	165948	-43640
41	d	o	1	-67312	17656	-12536
43	8	6	1	-298602	165948	-43640
	0	0	0	-67312	17656	-12536
1767	2	5	1	76952	-71612	-182038
57	d	o	1	-33082	14812	15898
31	-4	6	1	4730600890925134590	-2913755867265586350	-54080331396888750600
	-1	-2	-1	-8422987566315869160	4361369559608261720	6389054233920086800
1767	38	5	1	-86336	-10773	-8645
57	d	o	1	11434	1427	1145
589	41	15	3	-109707862	12233625	-3109350
	2	1	-1	-14681670	1624685	-390320

1767	38	3	1	−1444	95	152	
57	d	o	1	158	−17	−22	
589	−13	27	3	27702	3021	1634	
	0	0	−1	2752	455	144	
1767	2	5	4	1769	−4464	3162	
93	d	o	1	−1385	−232	−482	
19	−7	3	1	1769	−4464	3162	
	0	0	0	−1385	−232	−482	
			c4	−78	−66	1	
				−14	−6	−3	
1767	62	5	1	−77500	−9672	−7750	
93	d	o	1	8042	1002	804	
589	41	15	3	142538	37944	20460	
	2	1	0	−32524	−1964	−2608	
1767	62	3	1	−18259	1550	2480	
93	d	o	1	−1603	150	280	
589	−13	27	3	−18259	1550	2480	
	0	0	0	−1603	150	280	
1768	1	5	1	4716	2849	2073	
136	d	o	2	−807	−490	−355	
13	5	3	1	12645779597	−9973517228	3739637288	
	−1	−2	−2	2180232074	−1703479784	646399326	
1768	13	6	1	−40092	31031	−11921	
1768	d	o	8	1907	−1476	567	
13	5	3	1	−5255367	2203812	8070920	
	−1	−2	−4	−249974	105484	383962	
1769	2	6	1	10	−6	−5	
29	d	o	1	2	0	−1	
61	−1	9	1	−3863059	−1406268	−678078	
	0	−1	−1	717891	260964	125478	
1769	122	6	1	16531	−39284	6771	
1769	d	o	2	−393	934	−161	
61	−1	9	1	−8989936	−3267343	−1581486	
	0	−1	−1	213444	77715	37224	
1771	2	5	1	−134	51	−155	
253	d	o	1	−10	7	−3	
7	−1	3	1	−23021	14674	−10626	
	1	2	0	−1307	606	−1238	
1773	2	4	4	−225	788	0	
197	d	r	1	−65	4	−32	
9	−3	3	1	−526	360	−60	
	0	0	−1	−24	20	−20	
1777							
1777	n		1				
1777	14	48	16				

1781	2	6	1	188	105	81	
137	d	o	1	−16	−9	−7	
13	5	3	1	−567178	−342500	−249477	
	0	−1	−1	48336	29362	21253	
1781	26	6	1	−13675181	10752313	−4047485	
1781	d	o	2	324633	−254425	96167	
13	5	3	1	−128271533147805307871	69277360186349687 2	−37981747974137558266	
	0	−1	−1	30394773464526299 81	−2385979222854449472	89999470341202367 0	
1784	1	4	3	−7389	−1494	−160	
8	d	r	1	5458	1052	158	
223	−28	6	1	−39	6	−10	
	0	0	0	−58	−2	−8	
1784	223	3	1	417233	284548	−126218	
1784	n	o	1	−19746	−13476	5974	
223	−28	6	1	1995181	1455298	750172	
	0	0	−1	−338690	−16582	24528	
1785	14	5	1	236131	−213612	183827	
1785	d	o	8	−5589	5056	−4351	
7	−1	3	1	−76449751	−27130215	22103655	
	3	3	−4	1278843	1834507	1625387	
1789	3578	4	1	1500390170624293	−9955740636378	98979722703058	
1789	n	o	1	−35473091681113	235379374820	−2340135817176	
1789	−82	12	4	−5367	−3578	−1789	
	−2	0	−1	1185	12	−35	
1791	6	5	4	4782	−1791	−5373	
597	n	o	1	−198	75	219	
9	−3	3	1	−134319	53730	150444	
	0	0	−1	5373	−2094	−6204	
			c2	−462	210	513	
				18	−6	−21	
1791	1194	5	1	−2415220531421343	8109384008391	175121037542817	
597	n	o	1	98848397631561	−331894998651	−7167227061669	
1791	−84	6	3	90732465960	−848858778	−7594934301	
	−2	−1	−1	−4300613676	−7833384	270236619	
1791	1194	5	1	12235515	−718191	−1011915	
597	n	o	1	−527151	27285	40761	
1791	51	39	3	−933112299729297	23358791412630	−51512842457190	
	1	−1	−1	38347194012003	−943421979210	2112187761330	
1793	326	3	1	60671108407	−1051192542	12780901720	
1793	n	o	1	−1432820493	24825164	−301836218	
163	−25	3	4	79218	−25102	−30481	
	2	4	−1	2598	−600	−571	
1799	2	6	3	796	782	263	
257	d	o	3	−50	−48	−15	
7	−1	3	1	−44202	89436	164737	
	0	1	−3	−2354	5906	10419	
			b2	−2281	−1799	−771	
				141	115	53	

```
1801
1801    n   1
1801   74  24   1


1807    2   6   1              2269              -399                127
 13     d   o   1              -407               161                 11
139    23   3   1           3679379           1286246             935402
        1   1   0           1535325            221738             271518


1807   26   6   1        1489725692         109801978           87413742
 13     d   o   1        -413175922         -30453568          -24244214
1807   71  27   3      -1519445925322     -112420104160       -89291894796
        1   1   0       423162185880       31071032004        24792954540


1807   26   6   1           -958906            -73879             -48841
 13     d   o   1            260972             19953              13097
1807   44  42   3            -14508               455               1235
       -1  -1   0             -4126               105                335


1812    1   3   1                74               -24                -40
 12     d   o   1               -79                16                 16
151   -19   9   1            -19007              4576               6048
        0   0  -1             10824             -2688              -3496


1817  158   5   1        -2215367296         773085784          -93832171
1817    n   o   1           51971862         -18136364            2201275
 79    17   3   1        169834521372      -59274579191         7202471712
       -1   1  -1         -3984484012         1390533271        -168960098


1820    1   3   1               293              -224                 42
140     d   o   2               -42                34                -20
 13     5   3   1               293              -224                 42
        0   0   0               -42                34                -20


1820    7   3   1             -6608             -1575               -630
140     d   o   2               729               291                  6
 91   -16   6   3             -6608             -1575               -630
        0   0   0               729               291                  6


1820    7   5   1             -1036              -497               -483
140     d   o   2              -324               -64                -19
 91    11   9   3              1057             -1820              -2870
        0   3   0             -1494               -82                220


1820    7   3   1             11333              8820               3150
1820    d   o   4              -552              -402               -162
  7    -1   3   1          -1353863            808290            -777420
        0   0  -2            -60318             30804             -49218


1820   13   3   1             44759             27118              19656
1820    d   o   4             -2100             -1270               -922
 13     5   3   1           -236951            191282             -69342
        0   0  -2            -11454              8744              -3430
```

1820	91	3	1	2279914	-786695	-985530
1820	d	o	4	-106863	36879	46208
91	-16	6	3	30880031	-12319125	-14618695
	0	0	-2	-1688758	504773	670643
1820	91	5	1	533988	159341	109109
1820	d	o	4	-25034	-7470	-5115
91	11	9	3	213206721	-53871090	25379900
	0	3	-2	10006504	-2525122	1187854
1821	1214	5	4	43441169	2255612	2798877
1821	n	o	1	-1017965	-52858	-65585
607	-49	3	4	-64933825	-7385976	-615498
	2	-2	-1	1391273	173680	-598
		c3		-116544	-13354	607
				2756	338	39
1827	2	6	1	-2624	782	724
29	d	o	1	-324	140	190
63	15	3	3	131129186	-47121984	-55008708
	-2	-1	0	25624632	-8812036	-9766952
1827	2	6	1	400	-38	-163
29	d	o	1	-72	8	31
63	-12	6	3	-1912	174	783
	1	2	0	348	-40	-149
1827	6	5	1	-3627	1284	4788
609	d	o	2	147	-52	-194
9	-3	3	1	-1554771	-1563912	-1116297
	-1	-2	-1	-54201	-69906	-41757
1827	42	5	1	-220752	12159	-78582
609	d	o	2	8946	-493	3184
63	15	3	3	-751151261721	263976866559	300348318501
	-2	-1	-1	-30439156755	10696944873	12170376213
1827	42	5	1	23911650	-7553616	2459982
609	d	o	2	-969024	306100	-99646
63	-12	6	3	-9710627741048816526	1908528964360343892	1838855249814483432
	1	2	-1	-47406006860572752	-31988717809577712	110111073098796072
1829	62	5	1	14136	-11253	-15345
1829	n	o	1	-330	263	359
31	-4	6	1	-6008203	1415646	-2090547
	-2	-1	-1	-138141	31740	-51099
1832	1	4	1	101	22	8
8	d	o	1	75	14	2
229	-22	12	1	-2485	-1194	154
	0	0	-1	-5566	-634	-492
1832	229	4	1	-2539381	-499678	-122744
1832	d	o	2	115565	23928	6518
229	-22	12	1	2492042807	503166586	130251078
	0	0	-1	-116497230	-23510024	-6098894

1833	2	5	4	1459	−564	−2538	
141	d	o	1	−149	68	206	
13	5	3	1	−875326	367164	1347396	
	0	0	−1	73996	−31216	−113396	
			c4	−800	320	1234	
				68	−30	−104	
1833	26	5	4	−20800	−18330	−20163	
1833	d	o	2	486	428	471	
13	5	3	1	−9139	9165	−12831	
	0	0	−1	−471	323	97	
			c2	468	−299	−221	
				2	−3	9	
1835	2	4	1	44	17	9	
5	d	o	1	50	3	5	
367	35	9	1	−7141	1134	−164	
	0	0	−1	3423	−474	100	
1841	14	5	1	−101308669	58026787	−64933421	
1841	n	o	1	2361129	−1352389	1513357	
7	−1	3	1	−12266569	7181741	−8580901	
	2	1	−1	298741	−157065	204587	
1843	2	6	1	−291	316	401	
97	d	o	1	29	−32	−41	
19	−7	3	1	−18650382	19870838	25552225	
	−1	0	−1	1888888	−2020440	−2594993	
1843	194	6	1	−81935803970	851043274	6284318824	
97	d	o	1	−8345578676	84544814	636460580	
1843	80	18	3				
	−1	−1	−1				
1843	194	6	1	14065	−388	−1067	
97	d	o	1	−1439	38	107	
1843	53	39	3	−56322177	3118259	−1359067	
	1	0	−1	5717717	−315757	139179	
1845	2	5	1	506	288	324	
205	d	o	2	14	36	14	
9	−3	3	1	−472318	−512500	−346040	
	−1	1	0	−31160	−37152	−23444	
1848	1	5	1	−814	−687	−278	
264	d	o	2	100	85	35	
7	−1	3	1	−6286133699	−5040951300	−2243287200	
	3	3	−2	773759180	620523490	276177050	
1848	7	5	1	−8008	4431	−5642	
1848	d	o	4	374	−205	263	
7	−1	3	1	1788765139	−998148228	1239213360	
	3	3	−2	−83595252	46137914	−57786926	
1852	463	5	1	−315414779312	33744300254	−17021223163	
1852	n	o	1	14658567918	−1568230627	791043325	
463	23	21	1	797862847533	5136797022	−363000095092	
	1	2	−1	131339573084	−9845775298	−11783397214	

1853	2	4	1	-38884824	-11045352	-5820200
17	d	o	1	-9444746	-2676476	-1414432
109	2	12	1	-2743317078994	638869542500	-434999143260
	0	0	-1	829741042936	-108308604800	130114818520
1853	218	4	1	-99299	17440	-16132
1853	d	o	2	2343	-414	358
109	2	12	1	-2199511	414200	995715
	0	0	-1	-61543	11450	21485
1855	2	6	1	-8351	4786	-5372
265	d	o	2	513	-294	330
7	-1	3	1	-286198	157410	-197955
	1	2	-2	17466	-9780	12093
1857	1238	3	1	97204996784	-5721550704	-14355349705
1857	n	o	1	-2255706746	132772398	333125459
619	17	27	1	3044861	-97183	-350973
	0	0	-1	-50225	4873	9725
1860	1	3	1	-31	15	-15
60	d	o	2	14	-1	5
31	-4	6	1	-2234	630	-825
	0	0	-2	655	-124	229
1861	3722	6	1	51157168575	-1496413351	2545375306
1861	n	o	1	1193253233	-34963877	59026258
1861	-37	45	1			
	-1	0	-1			
1865	2	6	1	4145	-330	444
5	d	o	1	1997	-124	208
373	-13	21	1	6769706737	-477460480	714773690
	-1	0	-1	3027589115	-213523464	319652294
1865	746	6	1	-52220	-1865	-373
1865	d	o	2	758	75	-39
373	-13	21	1	-9742128884	1150848605	1923646790
	-1	0	-1	226419272	-26708439	-44455660
1869	14	5	1	-6727	16121	29057
1869	d	o	2	163	-377	-667
7	-1	3	1	71197785071	-160082840400	-288562120602
	1	2	-1	-1649691585	3704443864	6672799094
1873	3746	6	1	241251985371735189	-1412560505477054	4658346083135374
1873	n	o	1	-5574449780993065	326390996869904	-1076373164884488
1873	65	33	1	6426263	3710413	5032751
	-1	0	-1	-1753113	-54139	11105
1876	1	5	1	323	-18	-112
28	d	o	1	55	-31	-56
67	5	9	1	128924383189785	44371567010218	26175538658598
	-2	-1	-1	-48729253871046	-16770769628886	-9893497564608

1876	7	5	1	−924	−133	−14	
28	d	o	1	−365	−46	1	
469	−43	3	3	−3096305093	18737782	−401162986	
	−1	−2	−1	1168723782	−7294384	151615574	
1876	7	3	1	1855	−49	−294	
28	d	o	1	−700	21	112	
469	38	12	3	3045	3577	5537	
	0	0	−1	15568	945	−203	
1876	1	5	1	−55	−36	−26	
268	d	o	1	−5	−5	−1	
7	−1	3	1	34171	27604	12194	
	1	2	0	4208	3350	1502	
1876	67	5	1	−17889	−9380	−4087	
268	d	o	1	8180	253	−436	
469	−43	3	3	3688417	1335042	500624	
	−1	−2	0	−1171148	−55774	51254	
1876	67	3	1	−17554	1943	−536	
268	d	o	1	1845	−271	44	
469	38	12	3	−17554	1943	−536	
	0	0	0	1845	−271	44	
1881	6	5	1	−3337938	−3514098	−1787700	
33	d	o	1	2645400	179650	−195136	
171	24	6	3	−11406722955009870187650	−2797802595596115327132	−41032282322680328 7108	
	−1	1	−1	1985654047402551178752	4870352414084045592 48	71428414632295930896	
1881	6	5	1	−1863	−543	−315	
33	d	o	1	369	89	43	
171	−3	15	3	−128195787	−33931359	−18097101	
	−1	1	−1	22313049	5907159	3148875	
1881	2	3	1	−449	187	462	
209	d	o	1	31	−13	−32	
9	−3	3	1	563	561	396	
	0	0	−1	33	43	26	
1881	38	5	1	1919114	−25878	375212	
209	d	o	1	−111568	6998	−25184	
171	24	6	3	35181654153705383989406	−12653600983261326663 96	7364206346709443227260	
	−1	1	−1	−24337245651313516109 76	8755999670123084182 4	−50935388861610 7730672	
1881	38	5	1	4294	−1558	722	
209	d	o	1	−380	118	−28	
171	−3	15	3	1774950654614	−219330870000	−469857074148	
	−1	1	−1	122778071592	−15170902060	−32500389308	
1883	2	6	1	−943	1595	2374	
269	d	o	1	21	−77	−170	
7	−1	3	1	−1541284368690	3463272857472	6240640860676	
	1	1	−1	93976539640	−211161031540	−380496664812	

1884	1	3	1	74	-12	-3	
12	d	o	1	-15	4	-7	
157	14	12	1	74	-12	-3	
	0	0	0	-15	4	-7	
1884	157	3	1	2037860	-203472	-634437	
1884	d	o	2	-93889	9378	29235	
157	14	12	1	10228864	2437425	1627776	
	0	0	-1	477627	111147	75468	
1885	2	4	1	1854	-783	-2842	
145	d	o	4	-154	65	236	
13	5	3	1	-1912	-1276	-1073	
	0	0	-4	-178	-98	-59	
1885	26	3	1	-173017	-104806	-76154	
1885	d	o	4	3985	2414	1754	
13	5	3	1	16614	-31668	3016	
	0	0	-2	1000	-356	340	
1891	2	4	1	-29	5	-9	
61	d	o	1	3	-1	1	
31	-4	6	1	175	-32	67	
	0	0	-1	-21	6	-7	
1891	122	6	1	44591	-122	-3538	
61	d	o	1	5917	-122	-488	
1891	83	15	3	42963857207960899	-355046161727458	-3207904179737938	
	-1	-1	-1	5500964637637573	-45459423702174	-410729989247494	
1891	122	6	1	-7564	-549	-61	
61	d	o	1	838	65	9	
1891	-79	21	3	-674057503	44216460	52262482	
	-1	0	-1	-86353769	5656508	6691742	
1892	1	3	4	-243	66	-44	
44	d	r	1	-52	28	-8	
43	8	6	1	8	-1	2	
	0	0	0	1	-1	0	
1893	1262	5	1	5007184396	-121175978	512307007	
1893	n	o	1	-115084700	2785082	-11774865	
631	-43	15	1	-116877445396618	12856309492428	15212385147468	
	1	2	-1	-2448256153700	289727912888	373996639252	
1895	2	4	1	5367	-790	218	
5	d	o	1	2661	-314	126	
379	29	15	1	5367	-790	218	
	0	0	0	2661	-314	126	
1896	1	5	1	47	-9	-7	
24	d	o	1	2	-3	4	
79	17	3	1	810811009	-36376812	-332350044	
	1	2	-1	-332160794	14517578	135384208	

1896	79	5	1	10413701	3021513	2694137
1896	d	o	2	-478322	-138781	-123746
79	17	3	1	-1340083247873	425368768884	-71150880108
	1	2	-1	-55469390946	21302697146	-1694418056
1897	14	5	1	12123197324	-26812529919	-47942076336
1897	n	o	5	-278345054	615607821	1100736008
7	-1	3	1	-12897689	-10469543	-4786131
	1	2	-5	-298027	-236097	-102163
1897	542	5	1	-54716988326	5318632721	14822364783
1897	n	o	5	1256286000	-122114247	-340317147
271	29	9	1	-2837648455516501	481877373970755	-102112386014709
	1	2	-5	-65155762315173	11063919397419	-2343576744531
1897	3794	5	1	2771665639560202	-157403739951738	-224619254468462
1897	n	o	5	-63636629966094	3613943692060	5157192186478
1897	-55	39	3	-1145442746	-64209656	-32620812
	-2	-1	-5	-16141628	-1707324	-203120
1897	3794	5	1	-30986170871080446	1049793060820238	2546774783691250
1897	n	o	5	711433392846788	-24102940700666	-58473201891142
1897	26	48	3	-4426502789552317868338	206842597705754237360	-1450552585736137756041
	-2	-1	-5	101632119806561708552	-4749076340046635608	3330351030961554272
1899	6	5	1	145974	-68232	65064
633	n	o	1	-5802	2712	-2586
9	-3	3	1	-7078408554	1028126196	5881286556
	-1	1	-1	-189641736	145141452	301822200
1899	1266	3	1	7344699	501969	8862
633	n	o	1	-291813	-19959	-360
1899	87	3	12	6011601	-415881	-427275
	-2	2	-1	244971	-16395	-16707
1899	1266	3	1	-708183395258910	18198504416256	55234889786928
633	n	o	1	28147752503352	-723326425896	-2195390318520
1899	-48	42	12	-166221823494	-4611425256	1802872620
	4	2	-1	-203086656	-347845152	-427795512
1905	254	3	1	331867119094	81120403164	67313423412
1905	d	o	2	-7603555784	-1858585776	-1542247904
127	20	6	1	-3176996116150	804054325848	-167106494844
	0	0	-1	-72394142704	18518706416	-3748444256
1908	3	3	1	-1536	1152	-594
636	d	o	2	123	-90	48
9	-3	3	1	-23109	17010	-9342
	0	0	-1	1836	-1374	708
1919	2	6	1	260	-121	-35
101	d	o	1	8	7	21
19	-7	3	1	-12219	33128	57974
	-1	-1	0	5559	-3936	-3526

1928	1	6	3	−10953	1649	−813
8	d	o	1	−7757	1164	−576
241	17	15	1	−2565543	385604	−190932
	−1	0	0	−1815658	272910	−134468
			b2	1429	−140	−232
				−499	22	202
1928	241	5	1	40729	−6989	2169
1928	d	o	2	−2125	266	−134
241	17	15	1	−199169034971	−39106169624	−26061621428
	−1	0	−1	−9131820220	−1772230982	−1191523062
1929	1286	3	3	23870310520281078	−697537633590656	2343570634385280
1929	n	o	3	−543490497009256	15881866088032	−53359522398176
643	−40	18	1	1246739706	−128229632	−153579264
	0	0	−3	24099968	−2794336	−3917600
			b1	1699524874	−185019392	−240080768
				38695592	−4212608	−5466272
1932	7	5	1	−3815	−3689	−2590
1932	d	o	4	198	113	19
7	−1	3	1	8056772057677	6461691386388	2876385028398
	0	3	−2	−366615577212	−293972750930	−130800068158
1933						
1933		n	1			
1933	62	36	1			
1935	2	6	1	4154	628	607
5	d	o	1	1796	290	271
387	−39	3	3	−117788617093	17487460410	−915396870
	2	1	−2	52676926185	−7820575282	409443478
1935	2	4	4	748	−35	75
5	d	r	1	268	−25	31
387	15	21	3	−131	6	−36
	0	0	−2	−129	10	−4
1935	6	5	1	−7083	−8769	−6120
645	d	o	2	315	331	200
9	−3	3	1	52671543344601	59895936296010	39094266931200
	−2	−1	−1	−2073942830445	−2358398124906	−1539336193176
1935	258	5	1	−72369	−11223	−11352
645	d	o	2	2709	463	446
387	−39	3	3	−135931259397	2747386530	19266218370
	2	1	−1	4405827945	32336934	−765962610
1935	258	3	4	5868468	1004265	399255
645	d	r	2	−224460	−39989	−15013
387	15	21	3	−682539	48762	−74304
	0	0	−1	−27993	1782	−2952
1937	2	6	1	20380	−14782	3
149	d	o	1	−1130	984	−829
13	5	3	1	71962926109082633	−30272372339828676	−110526791644141442
	0	−1	−1	5895475852474651	−2479983186689012	−9054688564542510

1937	26	6	1	−25610	18967	−7709
1937	d	o	6	582	−431	175
13	5	3	1	−27092	13559	30992
	0	−1	−3	−352	99	782
1939	2	6	1	979	−1877	−3536
277	d	o	1	47	−125	−216
7	−1	3	1	8944609	−20233188	−36411650
	1	1	0	542763	−1211476	−2185846
1939	554	6	1	−330738	−27700	−4432
277	d	o	1	24526	1586	526
1939	−67	33	3	327069966	−5912288	18493628
	1	1	0	19714288	−357940	1106988
1939	554	6	1	−39832334911	−2966813209	−1901783388
277	d	o	1	2393294135	178258477	114267120
1939	41	45	3	454988145237	−26788577482	12147867132
	1	1	0	31171648689	−1323999210	912950676
1943	2	6	1	−530	112	194
29	d	o	1	−54	12	44
67	5	9	1	−3790762	820352	1995084
	−1	0	0	−706880	151268	369876
1948	487	5	1	53029887293	−2270854702	5324898421
1948	n	o	1	−2403013571	102902249	−241294180
487	−25	21	1	−13126619915	1315025646	2060043116
	−1	−2	−1	−532006012	68638114	96279358
1953	6	5	1	70815	13089	768
21	d	o	1	−15459	−2855	−166
279	33	3	3	−89549137623	−17098689258	−504279972
	1	−1	−1	20777190357	3717901782	325059252
1953	6	3	1	−35940	2505	6165
21	d	o	1	−6024	295	1457
279	−21	15	3	132405873	−7728624	−26355510
	0	0	−1	28382205	−1789800	−5823510
1953	42	5	1	−771792	36771	28602
21	d	o	1	82530	−6931	−11450
1953	78	24	9	1804614	330813	150507
	−2	−1	−1	1040298	33003	−14577
1953	42	5	1	6216	−357	189
21	d	o	1	−1806	95	−29
1953	−57	39	9	−127392570921	−9715557726	−6860747628
	1	2	−1	27803928117	2120006790	1496784228
1953	42	5	1	2936155467	−137268306	91353759
21	d	o	1	−640753407	29955898	−19936105
1953	−30	48	9	12692867334	−395868501	−989410842
	1	2	−1	2773618050	−86089689	−215729220

1953	42	5	1	−512043	19614	44688
21	d	o	1	128751	−4960	−9098
1953	−3	51	9	−229742093555121	8826699405888	18006901694838
	−1	−2	−1	50131805135811	−1926302839464	−3929509206786
1953	6	5	1	24510	9825	1191
93	d	o	1	−2550	−1017	−123
63	15	3	3	−10051527	−4021506	−489366
	−2	−1	0	1042809	416694	50202
1953	6	3	1	60	−18	−45
93	d	o	1	−12	0	3
63	−12	6	3	60	−18	−45
	0	0	0	−12	0	3
1953	186	5	1	−31343790	394134	−1914126
93	d	o	1	3272856	−42258	196782
1953	78	24	9	622914	−10044	39060
	−2	−1	0	−69936	672	−4104
1953	186	5	1	138570	−7626	3162
93	d	o	1	−14694	780	−342
1953	−57	39	9	138660954	10625436	7533000
	1	2	0	14486424	1099332	773076
1953	186	5	1	3843408210	−179683347	119581725
93	d	o	1	398774886	−18643143	12407271
1953	−30	48	9	−103602	5301	−3069
	1	2	0	−11346	483	−369
1953	186	5	1	−6460617	258075	−247752
93	d	o	1	−668949	26739	−25752
1953	−3	51	9	−17996449809	709671654	−691590222
	−1	−2	0	−1849595439	74886858	−71053098
1953	2	5	1	194	10	107
217	d	o	1	2	−12	−1
9	−3	3	1	−100903	−131068	−77903
	−2	−1	0	8029	8022	5755
1953	14	5	1	−749	−294	−42
217	d	o	1	49	20	2
63	15	3	3	−4543	−1519	−434
	−2	−1	0	217	107	−4
1953	14	3	1	−16258214	4963700	−1250900
217	d	o	1	994000	−325680	130840
63	−12	6	3	−16258214	4963700	−1250900
	0	0	0	994000	−325680	130840
1953	62	5	1	54715	10044	558
217	d	o	1	−3689	−686	−42
279	33	3	3	−988807	−202027	−21266
	1	−1	0	74431	12439	84

```
1953    62   3   1         -2945              -496               -341
 217     d   o   1          -155               -38                -27
 279   -21  15   3         -2945              -496               -341
         0   0   0          -155               -38                -27

1953   434   5   1     -4504156594         276754422          340851882
 217     d   o   1      -305762548          18787318           23138506
1953    78  24   9 -14027672476046950 -1028862091110812  -178622423158060
        -2  -1   0    952180191924976    69848574890984    12131567708384

1953   434   5   1       -705901             37975             -15841
 217     d   o   1         47957             -2585               1075
1953   -57  39   9       4379711            346115             239134
         1   2   0        310093             22823              16472

1953   434   5   1     104364103690       -4879340914         3248592424
 217     d   o   1       -7086550772         331289398         -220387800
1953   -30  48   9    -1493805853414       46478352452       116311194496
         1   2   0     -101402016800        3154908640         7895840112

1953   434   5   1       -565502             22568             -19313
 217     d   o   1        -35588              1424              -1531
1953    -3  51   9      -54669895           2178463           -2109457
        -1  -2   0       -3714389            148835            -142111

1956     1   3   1         -1446               380                406
  12     d   o   1          -808               219                240
 163   -25   3   4        -30863             -6354               -174
        -2   2  -1         16498              4022                484

1957    38   3   1       24564302         -26223040         -33700148
1957     n   o   3        -555276            592772            761792
  19    -7   3   1          29393            -26638            -35834
         0   0  -3           -531               674               830

1957   206   5   1    -13307246401       -3866067405       -1143085966
1957     n   o   3       300810229          87392481          25839434
 103   -13   9   1   -35953738998510  -10445423067732   -3088435260256
        -1   1  -3      812735662776     236118298044      69813022548

1957  3914   3   1    5544262013929     -35183096689      -402259275580
1957     n   o   3     -125327863227       795312761        9093057894
1957    86  12  12            5871              3914              1957
         2   4  -3            1325                12                49

1957  3914   5   3     -70701930427        2783983189        5757110428
1957     n   o   3       1598217417         -62931951        -130139504
1957     5  51   3        243750221          -9871108           9608870
        -2  -1  -3           5652753           -228492            205862
                 b1         -2005925             84151            -66538
                             -41761              1761             -1796

1961     2   6   1          -6874             -2634             -2156
  53     d   o   1           -892              -372              -322
  37    11   3   1       540424678         216019096         182027652
         0  -1   0        74260040          29669564          24985652
```

```
1961   74   5   1              -13187133               1383097                8780026
1961    d   o   2                 297791                -31233                -198270
  37   11   3   1             1200618402            -1695378628            -3916852375
        0  -1  -1             -167598714             -17857446               41156423

1963    2   6   1                4550196              -1112875               -1459403
  13    d   o   1                -1262774               308699                 404615
 151  -19   9   1  -16897775613265798639  -4951534239937865658  -1632510049095120364
        1   0  -1   -5653674480545386137  -1136840188341046926  -1427560652398858172

1963   26   6   1                4729647               319553                  14144
  13    d   o   1                1298533                87733                   3884
1963  -88   6   3               19266572                11427                1391221
       -1   0  -1               -5923246                36967                -343857

1963   26   6   1                  -9386                 -741                   -325
  13    d   o   1                  -2820                 -197                    -99
1963   -7  51   3            29701571497           -836150458             7441382936
       -1   0  -1           -36512476951           1435065558              237360256

1967    2   4   1                    138                  101                     30
 281    d   o   1                     -8                   -7                     -4
   7   -1   3   1                    138                  101                     30
        0   0   0                     -8                   -7                     -4

1976    1   6   1                  -6241                -1133                    -65
   8    d   o   1                  -4354                 -811                    -54
 247  -31   3   3            -8495970185839          89401194364          -1475167934756
       -1   1  -2             5945437211018         -74639417970           1042392969272

1976    1   4   1                     89                   -2                     10
   8    d   o   1                    -30                    8                     -4
 247   -4  18   3                   8279                 -852                    986
        0   0  -2                  -5960                  596                   -692

1976    1   6   1                    -89                  125                    170
 104    d   o   2                     28                  -24                    -29
  19   -7   3   1                -397227               426244                 546832
       -2  -1   0                  78402               -83268                -107198

1976   13   6   1                   8931                 1599                    143
 104    d   o   2                  -1656                 -315                    -12
 247  -31   3   3               -4211519               419796              -1044576
       -1   1   0               -1571034               -54684               -213354

1976   13   4   1                    195                  -26                    -26
 104    d   o   2                    -14                    2                      8
 247   -4  18   3                    195                  -26                    -26
        0   0   0                    -14                    2                      8

1976    1   5   1                   -152                 -125                   -131
 152    d   o   1                    -35                  -16                     -5
  13    5   3   1                -202691              -176776               -193116
       -1  -2   0                 -49956               -21494                 -5102
```

1976	19	5	1	170449	-46227	-44517
152	d	o	1	36026	-5959	-7126
247	-31	3	3	-970556537	209648660	221394384
	-1	1	0	-161156826	33326936	35872610
1976	19	3	1	-551	-228	-38
152	d	o	1	218	24	22
247	-4	18	3	-551	-228	-38
	0	0	0	218	24	22
1976	13	5	1	-6370624	5000905	-1886365
1976	d	o	2	286627	-225002	84871
13	5	3	1	45169645613521	-36950735504644	20880649866024
	-1	-2	-1	-2400951532422	1817579119052	-373227976678
1976	19	5	1	-30837	-18373	-3686
1976	d	o	2	1388	826	165
19	-7	3	1	-56047101949	-32417828196	-7193208100
	-2	-1	-1	2521651626	1458536134	323593488
1976	247	5	1	-277875	3705	-48165
1976	d	o	2	12612	-147	2168
247	-31	3	3	-18880247552153	216987252300	-3295647072900
	-1	1	-1	849805326390	-9835181370	148200921540
1976	247	3	1	68419	11856	6422
1976	d	o	2	-3074	-534	-290
247	-4	18	3	88673	15314	5928
	0	0	-1	-3358	-772	-410
1980	1	5	1	-1985	766	2327
220	d	o	2	-280	113	309
9	-3	3	1	3723721	-1469600	-4240390
	-3	-3	0	503140	-198842	-571350
1981	14	5	1	-6288373	3150707	-4268180
1981	n	o	1	141285	-70789	95896
7	-1	3	1	-107475179	248492678	445269370
	2	1	-1	-2517843	5500310	9967362
1981	566	5	1	5883872810	987928379	875907357
1981	n	o	1	-132196828	-22196435	-19679585
283	32	6	1	-25120495	1196524	4170005
	-2	-1	-1	382429	4982	-97801
1981						
1981	n		1			
1981	-43	45	3			
1981	3962	5	1	47699081768828	3567254836495	1911277639222
1981	n	o	1	-1071686551850	-80147853869	-42941928164
1981	11	51	3	-928289679937123	38737334173972	-33573220738890
	2	1	-1	-20852094209083	870666095836	-754135275722

1985	2	4	1	-655	-103	-412
	5	d	o	1	1241	-93	12
397	-34	12	4	-2362	395	465
	-2	-2	-1	-1204	155	203
1985	794	4	1	-11533792605040	1692306284104	2096962514856
1985		d	o	2	258876150210	-37983829232	-47066326104
397	-34	12	4	-85408170107574	12532333293520	15528606002260
	-2	-2	-1	1917098113320	-281271256368	-348536345752
1988	1	3	3	-97	50	-58
284		d	o	1	10	-6	8
7	-1	3	1	-97	50	-58
	0	0	0	10	-6	8
			b2	76	-34	50
				-9	4	-6
1989	2	6	1	-625	16	182
17		d	o	1	153	-4	-44
117	-21	3	3	-10453	306	3009
	-1	-2	0	2499	-56	-727
1989	2	6	1	915758	128870	-24104
17		d	o	1	-65172	-60346	-44192
117	6	12	3	-23786967794422	4409402417940	7584540913296
	-1	1	0	-5769204304224	1069431637672	1839519080384
1989	2	3	1	284	247	65
221		d	o	2	-8	-21	-17
9	-3	3	1	49883	66924	49530
	0	0	-2	-4251	-4148	-2314
1989	26	5	1	67574	19019	16861
221		d	o	2	-4316	-1285	-1201
117	-21	3	3	-17419814365993	-4758453881688	-4468913174622
	-1	-2	-2	1103057264361	338198371712	298833957862
1989	26	5	1	2899	1014	468
221		d	o	2	-169	-60	-28
117	6	12	3	21840572	-4067505	-6982053
	-1	1	-2	-1474512	272057	468931
1993	3986	6	1	29544291269827	-1045690080025	1238827929304
1993		n	o	1	-661789583177	23423367847	-27749639058
1993	-13	51	1	-1076312321739	-80398028565	-36800013569
	1	1	-1	24112423125	1800801659	824494593
1995	2	3	1	452	255	60
105		d	o	2	-44	-25	-6
19	-7	3	1	1352	750	165
	0	0	-2	-126	-76	-17
1995	14	3	1	13846	-1155	-4550
105		d	o	2	-1352	113	444
133	17	9	3	-23926	4655	11970
	0	0	-2	3896	-67	-880

1995	14	3	1	170973698	-18299568	31210116
105	d	o	2	-16687280	1785344	-3045984
133	-10	12	3	-646569230734	69235014324	-117812707152
	0	0	-2	63021984000	-6739515520	11524514944
1995	2	5	1	-16940	-13499	-5926
285	d	o	2	1000	807	364
7	-1	3	1	65882794187927	5289695834499O	23497722589830
	0	3	-2	-3908065611679	-3130289962910	-1395695017342
1995	38	3	7	60097	20235	12160
285	d	r2	2	-4929	-889	-826
133	17	9	3	-3667	380	1140
	0	0	-2	195	-12	-68
1995	38	3	1	-266	171	228
285	d	o	2	24	-11	-12
133	-10	12	3	-3838	1083	2451
	0	0	-2	468	-91	-101
1996	499	3	1	189209356932	-21307485129	7559307587
1996	n	o	5	-8470174095	953854035	-338401083
499	32	18	1	44424972	-4977026	1797897
	0	0	-5	-1974801	224226	-79791
2007	6	5	1	192750	-143055	76098
669	n	o	1	-7452	5531	-2942
9	-3	3	1	-174246060135	129317404302	-68758808472
	-2	-1	-1	6733899111	-4998576438	2661602496
2007	1338	5	1	182155989	-12978600	-15393021
669	n	o	1	-7042563	501782	595129
2007	69	33	3	-916839001065	23527298340	-26983709586
	1	2	-1	-20807460777	84595548	-2127005370
2007	1338	5	1	1932567060	149039820	67197705
669	n	o	1	-74717934	-5762188	-2597969
2007	15	51	3	-8335529431964337	290464450096050	-353042676077400
	1	2	-1	-322256984984625	11231023734210	-13648958279280
2013	2	3	4	310	-33	66
33	d	r	1	-34	13	-8
61	-1	9	1	97	-29	21
	0	0	-1	-21	3	-5
2013	122	3	4	838201	-225456	-452925
2013	d	r	2	-17129	5590	10367
61	-1	9	1	207217	76738	35502
	0	0	-1	4729	1690	846
2015	2	6	1	347	44	2
5	d	o	1	127	24	6
403	-37	9	3	35687	6370	130
	1	-1	0	21157	2734	742

2015	2	6	1	61487	-4250	-11391
5	d	o	1	27509	-1898	-5093
403	17	21	3	-31982343	2195710	6004740
	1	2	0	-14595187	1013710	2666524
2015	2	6	1	-8342308	-4008498	-1580484
65	d	o	2	1035986	496494	194884
31	-4	6	1			
	-1	1	-2			
2015	26	6	1	6214	988	169
65	d	o	2	-748	-126	-25
403	-37	9	3	-15570464	267930	-2002585
	1	-1	-2	-1823274	49488	-246055
2015	26	6	1	100386	-6890	-18538
65	d	o	2	-12404	862	2304
403	17	21	3	665422446	104411580	65749840
	1	2	-2	83011532	12917776	8067180
2017						
2017		n	1			
2017	-34	48	1			
2021	86	3	1	-81829	31347	-14018
2021	n	o	3	1821	-697	312
43	8	6	1	-1032	989	-129
	0	0	-3	58	-9	11

References

[1] Bauer, H.: Numerische Bestimmung von Klassenzahlen reeller zyklischer Zahlkörper - J. Number Theory 1 (1969), 161 - 162

[2] Billevič, K.K.: On units of algebraic fields of third and fourth degree (Russian) - Mat. Sbornik, n. Ser. 40 (1956), 123 - 136

[3] Cassels, J.W.S.: On a conjecture of R.M. Robinson about sums of roots of unity - J. reine angew. Math. 238 (1969), 112 - 131

[4] Châtelet, A.: Arithmétique des corps abéliens du troisième degré - Ann. sci. École. norm. sup. (3) 63 (1946), 109 - 160

[5] Cohn, H. and Gorn, S.: A computation of cyclic cubic units - J. Res. nat. Bur. Standards 59 (1957), 155 - 168

[6] Gras, G. et Gras M.N.: Nombre de classes des corps quadratiques réels $Q(\sqrt{m})$, m < 10 000 - Université de Grenoble 1971/1972

[7] Gras, G. et Gras, M.N.: Calcul du nombre de classes et des unités des extensions abéliennes réelles de Q - Bull. Sc. math. II Sér. 101 (1977), 97 - 129

[8] Gras, M.N.: Nombre de classes, unités et bases d'entiers des extensions cubiques cycliques de Q - Bull. Soc. math. France 37 (1974), 101 - 106

[9] Gras, M.N.: Méthodes et algorithmes pour le calcul numérique du nombre de classes et des unités des extensions cubiques cycliques de Q - J. reine angew. Math. 277 (1975), 89 - 116

[10] Gras, M.N.: Table numérique du nombre de classes et des unités des extensions cycliques réelles de degré 4 de Q - Publ. math. Fac. Sci. Besançon 1977/1978, fasc. 2

[11] Gras, M.N.: Classes et unités des extensions cycliques réelles de degré 4 de Q - Ann. Inst. Fourier 29, 1 (1979), 107 - 124

[12] Gras, M.N., Moser, N. et Payan, J.J.: Approximation algorithmique du groupe des classes de certains corps cubiques cycliques - Acta arithmetica 23 (1973), 295 - 300

[13] Hasse, H.: Arithmetische Bestimmung von Grundeinheit und Klassenzahl in zyklischen kubischen und biquadratischen Zahlkörpern - Abh. Deutsch. Akad. Wiss. Berlin, math. -naturw. Kl. 1948, No 2 (1950)

[14] Hasse, H.: Über die Klassenzahl abelscher Zahlkörper - Akademie Verlag, Berlin, 1952

[15] Hasse, H.: Vorlesungen über Zahlentheorie - Springer Verlag, 1964

[16] Ince, E.L.: Cycles of reduced ideals in quadratic fields - Brit. Assoc. Advancement Sci., Math. Tables IV, 1934

[17] Latimer, C.G.: On the units in a cyclic field - Amer. J. Math. 56 (1934), 69 - 74

[18] Leopoldt, H.-W.: Über Einheitengruppe und Klassenzahl reeller abelscher Zahlkörper - Abh. Deutsch. Akad. Wiss. Berlin, math.-naturw. Kl. 1953, No 2 (1954)

[19] Leopoldt, H.-W.: Über ein Fundamentalproblem der Theorie der Einheiten algebraischer Zahlkörper - Bayer. Akad. Wiss., math.-naturw. Kl. S. -Ber. 1956, No 5 (1957), 41 - 48

[20] Leopoldt, H.-W.: Über die Hauptordnung der ganzen Elemente eines abelschen Zahlkörpers - J. reine angew. Math. 201 (1959), 119 - 149

[21] Loxton, J.H.: On a cyclotomic diophantine equation - J. reine angew. Math. 270 (1974), 164 - 168

[22] Masley, J.M.: Class numbers of real cyclic number fields with small conductor - Compositio math. 37 (1978), 297 - 319

[23] Pohst, M.: Berechnung kleiner Diskriminanten total reeller algebraischer Zahlkörper - J. reine angew. Math. 278/279 (1975), 278 - 300

[24] Shanks, D.: A survey of quadratic, cubic and quartic algebraic number fields (from a computational point of view) - Proc. 7th Southeast. Conf. Comb., Graph Theory, Comput., Baton Rouge 1976 (1976), 15 - 40

[25] Stender, H.-J.: Über die Einheitengruppe der reinen algebraischen Zahlkörper sechsten Grades - J. reine angew. Math. 268/269 (1974), 78 - 93

[26] Weber, H.: Lehrbuch der Algebra, II Bd - Braunschweig, 1899

[27] Yokoi, H.: On unit groups of absolute abelian number fields of degree pq - Nagoya math. J. 16 (1960), 73 - 81

[28] Zimmer, H.G.: Computational Problems, Methods and Results in Algebraic Number Theory - Lecture Notes in Mathematics, Vol. 262, Springer Verlag (1972)

Terminology and notation

□	:	the end of a proof
#M	:	the number of elements in a set M
<M>	:	the subgroup generated by a subset M of a given group
$\sqrt{x}$	:	for a real number $x \neq 0$, $\sqrt{x}$ lies on the positive part of the real or imaginary axis
$p^\nu \| c$	:	indicates that $p^\nu | c$, $p^{\nu+1} \nmid c$ for p prime and $c \in \mathbb{Z}$
Φ_k	:	the multiplicative group of prime residue classes mod k
$\varphi(k)$	:	$\#\Phi_k$
ζ_k	=	$e^{2\pi i/k}$
ρ	=	$(-1 + \sqrt{-3})/2$
K_n	:	a real cyclic extension of degree n over the rationals $\mathbb{Q}$ ($n|6$) ; $K_1 = \mathbb{Q}$
f_n	:	the conductor of K_n ; $f_1 = 1$
f_*, f'_n	:	$f_* = \gcd(f_2, f_3)$; $f'_n = f_n/f_*$ (n = 2,3)
m	:	$f_2 = m$ if $m \equiv 1 \mod 4$; $f_2 = 4m$ if $m \equiv 2,3 \mod 4$
a, b, ϕ	:	$f_3 = (a^2 + 3b^2)/4$, $\phi = (a + b\sqrt{-3})/2$; the choice of a and b: p. 6 ; the decomposition of ϕ: p. 37
d_n	:	the discriminant of K_n, pp. 6, 13
h_n	:	the class number of K_n (in the ordinary "wide" sense)
h_R	:	the relative class number of K_6, p. 58
$S_{m/n}$	:	the trace from K_m to K_n
$N_{m/n}$	:	the norm from K_m to K_n
G	:	the Galois group of K_6, cyclic and of order 6
σ	:	a generator of G, p. 12
$\gamma^{(i)}$	=	$\sigma^i(\gamma)$ ($i \in \mathbb{Z}$, $\gamma \in K_6$) ; also $\gamma, \gamma', \gamma'', \gamma''', \gamma^{iv}, \gamma^v$
s	:	the integer defined on p. 12 ; cf. also p. 40
S	:	the automorphism $\zeta_{2f_6} \mapsto \zeta_{2f_6}^s$ of the field $\mathbb{Q}(\zeta_{2f_6})$
$\mathcal{O}_n$	:	the ring of integers of K_n
U_n	:	the multiplicative group of units of K_n
Sr	:	the signature rank of U_6, p. 60

U_R	: the group of relative units of K_6 = $\{\varepsilon \in U_6 \mid N_{6/3}(\varepsilon) = \pm 1, N_{6/2}(\varepsilon) = \pm 1\}$
μ	: the fundamental unit of K_2
τ, τ'	: fundamental units of K_3, $N_{3/1}(\tau) = 1$, the choice of τ: p. 64
ξ	: the number λ in [14, p. 21], defined here on pp. 16, 32
η	: the cyclotomic unit in K_6, p. 16
ξ_A	: $\xi_A = \xi$ if $\xi \in K_6$, $\xi_A = \eta$ if $\xi \notin K_6$; cf. p. 51
u, v, w	: $N_{6/3}(\xi_A) = \pm \tau^u \tau'^v$, $N_{6/2}(\xi_A) = \pm \mu^w$, pp. 16, 17
ξ_R	: a generating relative unit of K_6, p. 28
U_6^*	= $\langle -1, \mu, \tau, \tau', \xi_A, \xi_A', \xi_R, \xi_R' \rangle$, p. 17
ξ_0	: a candidate for ξ_R defined on p. 29
ξ_1	: $\xi_1^{2^n} = \pm \xi_0$ for some $n \geq 0$, $\pm \xi_1$ is not a square in K_6; for $n = 0$, $\xi_1 = \xi_0$; p. 29
ξ_B	: in the case $N_{6/2}(U_6^*) \neq U_2$ the solution of $x^3 = \mu \xi_R \xi_R'$ or $x^3 = \mu^{-1} \xi_R \xi_R'$ in U_6 if it exists, p. 18
ξ_C	: in the case $\langle -1 \rangle N_{6/3}(U_6^*) \neq U_3$ the positive solution of $x^2 = |\tau \xi_R|$ or $x^2 = |\tau' \xi_R|$ or $x^2 = |\tau \tau' \xi_R|$ in U_6 if it exists, p. 19
$\mathcal{M}$	: the mean square modulus function, p. 23
α	: the set defined on pp. 16, 32; $l = \#\alpha$
A_t	: the coefficients in Bergström's product formula, p. 33
$H, H^{(d)}, \overline{H}, \overline{H}^{(d)}$	: the multiplicative groups of residue classes defined on pp. 32, 33, 35; cf. p. 40
$m(d), \overline{m}(d)$	: indices of $H^{(d)}, \overline{H}^{(d)}$ in the corresponding full multiplicative groups of residue classes, pp. 35, 40
$\overline{H}_{-1-f}, \overline{H}_{-1}$	: certain factor groups of $\overline{H}$, p. 35
character	: a character χ always means a Dirichlet character modulo a natural number and it is assumed to be primitive, i.e. $\chi(x) = 0$ if and only if $(x, f(\chi)) > 1$ where $f(\chi)$ is the conductor of χ
$\tau(\chi)$	: the Gaussian sum for the character χ
$\pi(\chi', \chi'')$	: the Jacobi sum for the characters χ', χ'', pp. 44, 53
χ_n	: a generating character of K_n; the choice of χ_3: p. 9
$\pi_i^!, 3\rho^\alpha$	: the factors in the decomposition of ϕ, p. 37

$\left(\frac{\pi_i'}{\cdot}\right)_3$, $\left(\frac{\rho}{\cdot}\right)_3$: the cubic characters defined on p. 38

χ_3' : a product of these characters which coincides with χ_3 or $\bar{\chi}_3$, p. 37 ; in Section 2 χ_3' is denoted by χ

π_i : $\pi_i = \pi_i'$ if $\chi_3' = \chi_3$; $\pi_i = \bar{\pi}_i'$ if $\chi_3' = \bar{\chi}_3$; p. 42

$\chi_{n,k}$: for $n = 2$ or 3, $k|f_n$, $(k, f_n/k) = 1$, $\chi_{n,k}$ is that character with conductor k which appears in the decomposition of χ_n, p. 38

$\chi_{2,4}'$, $\chi_{2,8}'$: $\chi_{2,4}'(x) = (-1)^{(x-1)/2}$, $\chi_{2,8}'(x) = (-1)^{(x^2-1)/8}$

ψ : the character of $\bar{H}$ defined on p. 33 ; if possible, ψ is considered as a character of H, see pp. 34 - 36

θ, θ', θ'' : the Gaussian periods, multiplied by ± 1, for the cubic character χ_3, pp. 7, 9

decomposable : p. 37, cf. p. 51

co-ordinates : the co-ordinates of a number $\gamma \in K_n$ are the rational numbers x_i in the representation $\gamma = x_1 \omega_1 + \cdots + x_n \omega_n$ where $\{\omega_1, \ldots, \omega_n\} = \{1, \sqrt{m}\}$, $\{1, \theta, \theta'\}$, $\{1, \theta, \theta', \sqrt{m}, \theta\sqrt{m}, \theta'\sqrt{m}\}$ for $n = 2, 3, 6$ respectively

RAYMOND H. FOGLER LIBRARY
DATE DUE

QA
3
L28
v.797

JUN 26 1980

JUN 2 - 1980

Vol. 640: J. L. Dupont, Curvature and Characteristic Classes. X, 175 pages. 1978.

Vol. 641: Séminaire d'Algèbre Paul Dubreil, Proceedings Paris 1976-1977. Edité par M. P. Malliavin. IV, 367 pages. 1978.

Vol. 642: Theory and Applications of Graphs, Proceedings, Michigan 1976. Edited by Y. Alavi and D. R. Lick. XIV, 635 pages. 1978.

Vol. 643: M. Davis, Multiaxial Actions on Manifolds. VI, 141 pages. 1978.

Vol. 644: Vector Space Measures and Applications I, Proceedings 1977. Edited by R. M. Aron and S. Dineen. VIII, 451 pages. 1978.

Vol. 645: Vector Space Measures and Applications II, Proceedings 1977. Edited by R. M. Aron and S. Dineen. VIII, 218 pages. 1978.

Vol. 646: O. Tammi, Extremum Problems for Bounded Univalent Functions. VIII, 313 pages. 1978.

Vol. 647: L. J. Ratliff, Jr., Chain Conjectures in Ring Theory. VIII, 133 pages. 1978.

Vol. 648: Nonlinear Partial Differential Equations and Applications, Proceedings, Indiana 1976-1977. Edited by J. M. Chadam. VI, 206 pages. 1978.

Vol. 649: Séminaire de Probabilités XII, Proceedings, Strasbourg, 1976-1977. Edité par C. Dellacherie, P. A. Meyer et M. Weil. VIII, 805 pages. 1978.

Vol. 650: C*-Algebras and Applications to Physics. Proceedings 1977. Edited by H. Araki and R. V. Kadison. V, 192 pages. 1978.

Vol. 651: P. W. Michor, Functors and Categories of Banach Spaces. VI, 99 pages. 1978.

Vol. 652: Differential Topology, Foliations and Gelfand-Fuks-Cohomology, Proceedings 1976. Edited by P. A. Schweitzer. XIV, 252 pages. 1978.

Vol. 653: Locally Interacting Systems and Their Application in Biology. Proceedings, 1976. Edited by R. L. Dobrushin, V. I. Kryukov and A. L. Toom. XI, 202 pages. 1978.

Vol. 654: J. P. Buhler, Icosahedral Golois Representations. III, 143 pages. 1978.

Vol. 655: R. Baeza, Quadratic Forms Over Semilocal Rings. VI, 199 pages. 1978.

Vol. 656: Probability Theory on Vector Spaces. Proceedings, 1977. Edited by A. Weron. VIII, 274 pages. 1978.

Vol. 657: Geometric Applications of Homotopy Theory I, Proceedings 1977. Edited by M. G. Barratt and M. E. Mahowald. VIII, 459 pages. 1978.

Vol. 658: Geometric Applications of Homotopy Theory II, Proceedings 1977. Edited by M. G. Barratt and M. E. Mahowald. VIII, 487 pages. 1978.

Vol. 659: Bruckner, Differentiation of Real Functions. X, 247 pages. 1978.

Vol. 660: Equations aux Dérivée Partielles. Proceedings, 1977. Edité par Pham The Lai. VI, 216 pages. 1978.

Vol. 661: P. T. Johnstone, R. Paré, R. D. Rosebrugh, D. Schumacher, R. J. Wood, and G. C. Wraith, Indexed Categories and Their Applications. VII, 260 pages. 1978.

Vol. 662: Akin, The Metric Theory of Banach Manifolds. XIX, 306 pages. 1978.

Vol. 663: J. F. Berglund, H. D. Junghenn, P. Milnes, Compact Right Topological Semigroups and Generalizations of Almost Periodicity. X, 243 pages. 1978.

Vol. 664: Algebraic and Geometric Topology, Proceedings, 1977. Edited by K. C. Millett. XI, 240 pages. 1978.

Vol. 665: Journées d'Analyse Non Linéaire. Proceedings, 1977. Edité par P. Bénilan et J. Robert. VIII, 256 pages. 1978.

Vol. 666: B. Beauzamy, Espaces d'Interpolation Réels: Topologie et Géometrie. X, 104 pages. 1978.

Vol. 667: J. Gilewicz, Approximants de Padé. XIV, 511 pages. 1978.

Vol. 668: The Structure of Attractors in Dynamical Systems. Proceedings, 1977. Edited by J. C. Martin, N. G. Markley and W. Perrizo. VI, 264 pages. 1978.

Vol. 669: Higher Set Theory. Proceedings, 1977. Edited by G. H. Müller and D. S. Scott. XII, 476 pages. 1978.

Vol. 670: Fonctions de Plusieurs Variables Complexes III, Proceedings, 1977. Edité par F. Norguet. XII, 394 pages. 1978.

Vol. 671: R. T. Smythe and J. C. Wierman, First-Passage Perculation on the Square Lattice. VIII, 196 pages. 1978.

Vol. 672: R. L. Taylor, Stochastic Convergence of Weighted Sums of Random Elements in Linear Spaces. VII, 216 pages. 1978.

Vol. 673: Algebraic Topology, Proceedings 1977. Edited by P. Hoffman, R. Piccinini and D. Sjerve. VI, 278 pages. 1978.

Vol. 674: Z. Fiedorowicz and S. Priddy, Homology of Classical Groups Over Finite Fields and Their Associated Infinite Loop Spaces. VI, 434 pages. 1978.

Vol. 675: J. Galambos and S. Kotz, Characterizations of Probability Distributions. VIII, 169 pages. 1978.

Vol. 676: Differential Geometrical Methods in Mathematical Physics II, Proceedings, 1977. Edited by K. Bleuler, H. R. Petry and A. Reetz. VI, 626 pages. 1978.

Vol. 677: Séminaire Bourbaki, vol. 1976/77, Exposés 489-506. IV, 264 pages. 1978.

Vol. 678: D. Dacunha-Castelle, H. Heyer et B. Roynette. Ecole d'Eté de Probabilités de Saint-Flour. VII-1977. Edité par P. L. Hennequin. IX, 379 pages. 1978.

Vol. 679: Numerical Treatment of Differential Equations in Applications, Proceedings, 1977. Edited by R. Ansorge and W. Törnig. IX, 163 pages. 1978.

Vol. 680: Mathematical Control Theory, Proceedings, 1977. Edited by W. A. Coppel. IX, 257 pages. 1978.

Vol. 681: Séminaire de Théorie du Potentiel Paris, No. 3, Directeurs: M. Brelot, G. Choquet et J. Deny. Rédacteurs: F. Hirsch et G. Mokobodzki. VII, 294 pages. 1978.

Vol. 682: G. D. James, The Representation Theory of the Symmetric Groups. V, 156 pages. 1978.

Vol. 683: Variétés Analytiques Compactes, Proceedings, 1977. Edité par Y. Hervier et A. Hirschowitz. V, 248 pages. 1978.

Vol. 684: E. E. Rosinger, Distributions and Nonlinear Partial Differential Equations. XI, 146 pages. 1978.

Vol. 685: Knot Theory, Proceedings, 1977. Edited by J. C. Hausmann. VII, 311 pages. 1978.

Vol. 686: Combinatorial Mathematics, Proceedings, 1977. Edited by D. A. Holton and J. Seberry. IX, 353 pages. 1978.

Vol. 687: Algebraic Geometry, Proceedings, 1977. Edited by L. D. Olson. V, 244 pages. 1978.

Vol. 688: J. Dydak and J. Segal, Shape Theory. VI, 150 pages. 1978.

Vol. 689: Cabal Seminar 76-77, Proceedings, 1976-77. Edited by A.S. Kechris and Y. N. Moschovakis. V, 282 pages. 1978.

Vol. 690: W. J. J. Rey, Robust Statistical Methods. VI, 128 pages. 1978.

Vol. 691: G. Viennot, Algèbres de Lie Libres et Monoïdes Libres. III, 124 pages. 1978.

Vol. 692: T. Husain and S. M. Khaleelulla, Barrelledness in Topological and Ordered Vector Spaces. IX, 258 pages. 1978.

Vol. 693: Hilbert Space Operators, Proceedings, 1977. Edited by J. M. Bachar Jr. and D. W. Hadwin. VIII, 184 pages. 1978.

Vol. 694: Séminaire Pierre Lelong – Henri Skoda (Analyse) Année 1976/77. VII, 334 pages. 1978.

Vol. 695: Measure Theory Applications to Stochastic Analysis, Proceedings, 1977. Edited by G. Kallianpur and D. Kölzow. XII, 261 pages. 1978.

Vol. 696: P. J. Feinsilver, Special Functions, Probability Semigroups, and Hamiltonian Flows. VI, 112 pages. 1978.

Vol. 697: Topics in Algebra, Proceedings, 1978. Edited by M. F. Newman. XI, 229 pages. 1978.

Vol. 698: E. Grosswald, Bessel Polynomials. XIV, 182 pages. 1978.

Vol. 699: R. E. Greene and H.-H. Wu, Function Theory on Manifolds Which Possess a Pole. III, 215 pages. 1979.

Vol. 700: Module Theory, Proceedings, 1977. Edited by C. Faith and S. Wiegand. X, 239 pages. 1979.

Vol. 701: Functional Analysis Methods in Numerical Analysis, Proceedings, 1977. Edited by M. Zuhair Nashed. VII, 333 pages. 1979.

Vol. 702: Yuri N. Bibikov, Local Theory of Nonlinear Analytic Ordinary Differential Equations. IX, 147 pages. 1979.

Vol. 703: Equadiff IV, Proceedings, 1977. Edited by J. Fábera. XIX, 441 pages. 1979.

Vol. 704: Computing Methods in Applied Sciences and Engineering, 1977, I. Proceedings, 1977. Edited by R. Glowinski and J. L. Lions. VI, 391 pages. 1979.

Vol. 705: O. Forster und K. Knorr, Konstruktion verseller Familien kompakter komplexer Räume. VII, 141 Seiten. 1979.

Vol. 706: Probability Measures on Groups, Proceedings, 1978. Edited by H. Heyer. XIII, 348 pages. 1979.

Vol. 707: R. Zielke, Discontinuous Čebyšev Systems. VI, 111 pages. 1979.

Vol. 708: J. P. Jouanolou, Equations de Pfaff algébriques. V, 255 pages. 1979.

Vol. 709: Probability in Banach Spaces II. Proceedings, 1978. Edited by A. Beck. V, 205 pages. 1979.

Vol. 710: Séminaire Bourbaki vol. 1977/78, Exposés 507-524. IV, 328 pages. 1979.

Vol. 711: Asymptotic Analysis. Edited by F. Verhulst. V, 240 pages. 1979.

Vol. 712: Equations Différentielles et Systèmes de Pfaff dans le Champ Complexe. Edité par R. Gérard et J.-P. Ramis. V, 364 pages. 1979.

Vol. 713: Séminaire de Théorie du Potentiel, Paris No. 4. Edité par F. Hirsch et G. Mokobodzki. VII, 281 pages. 1979.

Vol. 714: J. Jacod, Calcul Stochastique et Problèmes de Martingales. X, 539 pages. 1979.

Vol. 715: Inder Bir S. Passi, Group Rings and Their Augmentation Ideals. VI, 137 pages. 1979.

Vol. 716: M. A. Scheunert, The Theory of Lie Superalgebras. X, 271 pages. 1979.

Vol. 717: Grosser, Bidualräume und Vervollständigungen von Banachmoduln. III, 209 pages. 1979.

Vol. 718: J. Ferrante and C. W. Rackoff, The Computational Complexity of Logical Theories. X, 243 pages. 1979.

Vol. 719: Categorial Topology, Proceedings, 1978. Edited by H. Herrlich and G. Preuß. XII, 420 pages. 1979.

Vol. 720: E. Dubinsky, The Structure of Nuclear Fréchet Spaces. V, 187 pages. 1979.

Vol. 721: Séminaire de Probabilités XIII. Proceedings, Strasbourg, 1977/78. Edité par C. Dellacherie, P. A. Meyer et M. Weil. VII, 647 pages. 1979.

Vol. 722: Topology of Low-Dimensional Manifolds. Proceedings, 1977. Edited by R. Fenn. VI, 154 pages. 1979.

Vol. 723: W. Brandal, Commutative Rings whose Finitely Generated Modules Decompose. II, 116 pages. 1979.

Vol. 724: D. Griffeath, Additive and Cancellative Interacting Particle Systems. V, 108 pages. 1979.

Vol. 725: Algèbres d'Opérateurs. Proceedings, 1978. Edité par P. de la Harpe. VII, 309 pages. 1979.

Vol. 726: Y.-C. Wong, Schwartz Spaces, Nuclear Spaces and Tensor Products. VI, 418 pages. 1979.

Vol. 727: Y. Saito, Spectral Representations for Schrödinger Operators With Long-Range Potentials. V, 149 pages. 1979.

Vol. 728: Non-Commutative Harmonic Analysis. Proceedings, 1978. Edited by J. Carmona and M. Vergne. V, 244 pages. 1979.

Vol. 729: Ergodic Theory. Proceedings, 1978. Edited by M. Denker and K. Jacobs. XII, 209 pages. 1979.

Vol. 730: Functional Differential Equations and Approximation of Fixed Points. Proceedings, 1978. Edited by H.-O. Peitgen and H.-O. Walther. XV, 503 pages. 1979.

Vol. 731: Y. Nakagami and M. Takesaki, Duality for Crossed Products of von Neumann Algebras. IX, 139 pages. 1979.

Vol. 732: Algebraic Geometry. Proceedings, 1978. Edited by K. Lønsted. IV, 658 pages. 1979.

Vol. 733: F. Bloom, Modern Differential Geometric Techniques in the Theory of Continuous Distributions of Dislocations. XII, 206 pages. 1979.

Vol. 734: Ring Theory, Waterloo, 1978. Proceedings, 1978. Edited by D. Handelman and J. Lawrence. XI, 352 pages. 1979.

Vol. 735: B. Aupetit, Propriétés Spectrales des Algèbres de Banach. XII, 192 pages. 1979.

Vol. 736: E. Behrends, M-Structure and the Banach-Stone Theorem. X, 217 pages. 1979.

Vol. 737: Volterra Equations. Proceedings 1978. Edited by S.-O. Londen and O. J. Staffans. VIII, 314 pages. 1979.

Vol. 738: P. E. Conner, Differentiable Periodic Maps. 2nd edition, IV, 181 pages. 1979.

Vol. 739: Analyse Harmonique sur les Groupes de Lie II. Proceedings, 1976-78. Edited by P. Eymard et al. VI, 646 pages. 1979.

Vol. 740: Séminaire d'Algèbre Paul Dubreil. Proceedings, 1977-78. Edited by M.-P. Malliavin. V, 456 pages. 1979.

Vol. 741: Algebraic Topology, Waterloo 1978. Proceedings. Edited by P. Hoffman and V. Snaith. XI, 655 pages. 1979.

Vol. 742: K. Clancey, Seminormal Operators. VII, 125 pages. 1979.

Vol. 743: Romanian-Finnish Seminar on Complex Analysis. Proceedings, 1976. Edited by C. Andreian Cazacu et al. XVI, 713 pages. 1979.

Vol. 744: I. Reiner and K. W. Roggenkamp, Integral Representations. VIII, 275 pages. 1979.

Vol. 745: D. K. Haley, Equational Compactness in Rings. III, 167 pages. 1979.

Vol. 746: P. Hoffman, τ-Rings and Wreath Product Representations. V, 148 pages. 1979.

Vol. 747: Complex Analysis, Joensuu 1978. Proceedings, 1978. Edited by I. Laine, O. Lehto and T. Sorvali. XV, 450 pages. 1979.

Vol. 748: Combinatorial Mathematics VI. Proceedings, 1978. Edited by A. F. Horadam and W. D. Wallis. IX, 206 pages. 1979.

Vol. 749: V. Girault and P.-A. Raviart, Finite Element Approximation of the Navier-Stokes Equations. VII, 200 pages. 1979.

Vol. 750: J. C. Jantzen, Moduln mit einem höchsten Gewicht. III, 195 Seiten. 1979.

Vol. 751: Number Theory, Carbondale 1979. Proceedings. Edited by M. B. Nathanson. V, 342 pages. 1979.

Vol. 752: M. Barr, *-Autonomous Categories. VI, 140 pages. 1979.

Vol. 753: Applications of Sheaves. Proceedings, 1977. Edited by M. Fourman, C. Mulvey and D. Scott. XIV, 779 pages. 1979.

Vol. 754: O. A. Laudal, Formal Moduli of Algebraic Structures. III, 161 pages. 1979.

Vol. 755: Global Analysis. Proceedings, 1978. Edited by M. Grmela and J. E. Marsden. VII, 377 pages. 1979.

Vol. 756: H. O. Cordes, Elliptic Pseudo-Differential Operators – An Abstract Theory. IX, 331 pages. 1979.

Vol. 757: Smoothing Techniques for Curve Estimation. Proceedings, 1979. Edited by Th. Gasser and M. Rosenblatt. V, 245 pages. 1979.

Vol. 758: C. Năstăsescu and F. Van Oystaeyen; Graded and Filtered Rings and Modules. X, 148 pages. 1979.